AF357510

OBSERVATIONS ET EXPÉRIENCES

FAITES SUR

LES ANIMALCULES DES INFUSIONS

COLLECTION
" LES MAITRES DE LA PENSÉE SCIENTIFIQUE "

Viennent de paraitre :

Huyghens (Christian). — *Traité de la Lumière.* Un vol. in-16 double couronne (180×115) de xii-156 pages; 1920; broché, net... **3 fr. 60**
Spallanzani (Lazare). — *Observations et Expériences faites sur les Animalcules des Infusions.* Tome Ier. Un vol. in-16 double couronne (180×115) de viii-106 pages; 1920; broché, net........................... **3 fr.**
— Tome II. Un vol. in-16 double couronne (180×115) de 122 pages; 1920; broché, net................................ **3 fr.**
Lavoisier. — *Mémoires sur la respiration et la transpiration des animaux* .... **3 fr.**

Sous presse :

Lavoisier et Laplace, *Mémoire sur la Chaleur.*
D'Alembert, *Traité de Dynamique.*
Ampère, *De l'action exercée sur un courant électrique par un autre courant, etc.,* avec la lettre à Van Beck.
Carnot, *Réflexions sur la métaphysique du Calcul infinitésimal.*
Clairaut, *Eléments de Géométrie.*
Dutrochet, *Les mouvements des Végétaux. — Du réveil et du sommeil des plantes.*
Laplace, *Essai philosophique sur les probabilités.*

Paraîtront prochainement :

Hertz, *Equations électrodynamiques fondamentales des corps en mouvement et des corps en repos.*
Galilée, *Dialogues sur les deux principaux systèmes du monde.*
Bouguer, *Essai d'optique sur la gradation de la lumière.*
Newton, *Principes mathématiques de la philosophie naturelle.* Etc., etc.

DEMANDER LE PROSPECTUS SPÉCIAL

Il a été tiré de chaque volume 10 exemplaires sur papier de Hollande, au prix uniforme et net de 6 francs.

LES MAITRES DE LA PENSÉE SCIENTIFIQUE
Collection de Mémoires publiés par les soins de M. Solovine

OBSERVATIONS ET EXPÉRIENCES

FAITES SUR

LES ANIMALCULES DES INFUSIONS

PAR

Lazare SPALLANZANI

I.

PARIS
GAUTHIER-VILLARS ET Cⁱᵉ, ÉDITEURS
LIBRAIRES DU BUREAU DES LONGITUDES, DE L'ÉCOLE POLYTECHNIQUE.
Quai des Grands-Augustins, 55
—
1920

NOTICE SUR LA COLLECTION

L'accroissement rapide des découvertes scientifiques engendre fatalement l'oubli des découvertes passées et de leurs auteurs. Cet oubli est encore favorisé par le fait regrettable que la plupart des mémoires et des ouvrages, où ces découvertes se trouvent exposées, sont complètement épuisés et introuvables.

La collection des **Maîtres** de la **Pensée** scientifique *comprendra les mémoires et les ouvrages les plus importants de tous les temps et de tous les pays. Elle est destinée à rendre accessibles aux savants et au public cultivé les travaux originaux, qui marquent les étapes successives dans la construction lente et laborieuse de l'édifice scientifique. Tous les domaines de la Science y seront représentés : les mathématiques, l'astronomie, la physique, la chimie, la géologie, les sciences naturelles et biologiques, la méthodologie et la philosophie des sciences. Etant la plus complète, elle fournira les documents indispensables aux historiens de la science et de la civilisation, qui voudront étudier l'évolution de l'esprit humain sous sa forme la plus élevée. Elle permettra aux savants de connaître plus intimement les décou-*

vertes de leurs devanciers et d'y trouver nombre d'idées originales. Les philosophes y trouveront une mine inépuisable pour l'étude épistémologique des théories et des concepts, au moyen desquels se construit la connaissance de l'univers. Elle offrira enfin à la jeunesse studieuse un moyen facile et peu coûteux de prendre contact à leur source même avec les méthodes expérimentales et les procédés ingénieux que les grands chercheurs ont dû inventer pour résoudre les difficultés — méthodes concrètes, infiniment plus suggestives et plus fécondes que ne sont les règles schématiques des Manuels.

On trouve encore dans les mémoires classiques, où la profondeur de la pensée et la justesse du raisonnement se manifestent sous une forme remarquablement lucide et élégante, le secret d'écrire les mémoires scientifiques d'une façon claire et précise, comme l'ont demandé à plusieurs reprises les savants les plus illustres de notre temps.

*
* *

Les mémoires et les ouvrages français seront réimprimés avec grande exactitude d'après les textes originaux les mieux établis, et ceux des savants étrangers seront traduits intégralement et avec une rigoureuse fidélité.

Notice biographique.

Lazare Spallanzani naquit le 12 janvier 1729 à Scandiano, petite ville du duché de Modène, et mourut le 11 février 1799 à Pavie. Il reçut sa première éducation dans la maison paternelle et fut envoyé à l'âge de quinze ans à Reggio, où il étudia la rhétorique et la philosophie, et se rendit ensuite à Bologne pour suivre les leçons de Bianconi et de Laura Bassi. Il y étudia les mathématiques, les sciences physiques, les langues anciennes et modernes. Destiné tout d'abord à étudier le droit, il put, grâce à l'intervention de Vallisnieri, obtenir de son père de suivre ses penchants de naturaliste. Après avoir embrassé l'état ecclésiastique, il fut nommé en 1754 à l'Université de Reggio, pour y enseigner la logique, la métaphysique et la littérature grecque. En 1760 il fut nommé professeur à Modène, et de 1768 jusqu'à sa mort il remplit cette fonction et celle de directeur du muséum à Pavie.

En 1779 il parcourut la Suisse, et en 1785 il entreprit un voyage le long de la côte méditerranéenne, en Asie Mineure et à Constantinople, pendant lequel il fit de riches et précieuses collections, dont il dota le muséum qu'il dirigeait.

Ses travaux sont aussi importants que variés, ils s'étendent sur la météorologie, la géologie et tout particulièrement sur la physiologie et la biologie. Les recherches qu'il a entreprises dans ce dernier domaine sont exposées dans ses *Œuvres de Physique animale et végétale* (1780). Elles sont remarquables par la nouveauté de méthode, la hardiesse de vue et les résultats surprenants. Elles portent sur les fonctions fondamentales des êtres vivants : la respiration, la circulation du sang, la digestion, la génération, et dénotent une habileté, une ingéniosité, une sagacité d'esprit et une imagination hors pair. Dans les *Observations et Expériences faites sur les animalcules des infusions* (1), il s'est donné comme tâche de réfuter l'idée,

(1) La traduction que nous reproduisons est celle de Jean Senebier, publiée à Genève en 1786 ; la première édition par le même date de 1777. Les quelques dessins d'infusoires, qui se trouvent à la fin du volume, étant mal faits, nous n'avons pas cru nécessaire de les reproduire ; nous avons par conséquent supprimé dans le texte les renvois à ces dessins.

très répandue alors et acceptée par Needham et Buffon, que ces êtres naissent de matières en décomposition ou putréfaction, et de fournir la preuve qu'ils sortent de germes comme tous les autres animaux. Ces recherches sont conduites avec une précision telle, les preuves positives et négatives sont si variées et si fortes, que sa thèse s'impose avec une force invincible. Dans la littérature biologique antérieure, on ne trouve rien de semblable, et ce n'est qu'à Pasteur qu'il peut être comparé, car il a fait usage des mêmes méthodes expérimentales et de la même argumentation pour étudier les infusoires et les rotifères, que celui-ci a employées un siècle plus tard pour étudier les microbes.

Non moins remarquables sont ses recherches sur la digestion, — où il démontre d'une façon décisive qu'elle s'opère grâce à la dissolution des aliments ingérés par le suc gastrique, et non pas par une trituration mécanique, — et celles qu'il a faites sur la régénération et la fécondation naturelle et artificielle. Et ce qui étonne surtout à la lecture de ses œuvres, ce sont les moyens simples dont il s'est servi pour arriver à de si prodigieuses découvertes.

OBSERVATIONS ET EXPÉRIENCES

FAITES SUR

LES ANIMALCULES DES INFUSIONS

CHAPITRE PREMIER

I. Exposition des nouvelles idées de M. de Needham sur le système de la Génération. — II. Singularité de ces idées. — III. Deux objections faites à l'auteur par M. de Needham sur une de ses expériences faites par le moyen du feu.

Il arrive pour l'ordinaire à ces philosophes qui ont inventé quelques systèmes, ou qui ont donné à des systèmes déjà connus une forme nouvelle, de représenter ces mêmes systèmes au public avec confiance, parce qu'ils ont corrigé quelques-uns de leurs défauts, modifié quelques-unes de leurs parties, ou seulement parce qu'ils croient y avoir répandu un nouveau jour. Mais, s'ils faisaient alors rétrograder leurs pensées sur leurs découvertes, s'ils les examinaient de sang-froid et avec maturité, ils y trouveraient le plus souvent des fautes qu'ils n'avaient pas soupçonnées, ils verraient leurs idées manquer de liaison et de clarté, ou cesser d'être d'accord avec les découvertes qui leur sont postérieures. M. de Needham paraît avoir suivi la méthode de ces philosophes dans les notes qu'il a jointes à ma dissertation sur les *Animalcules des*

Infusions [1] qu'il fit traduire en français [2]. Il semble y avoir eu le dessein de refondre son opinion sur la génération des êtres vivants, et d'y répandre la clarté, la simplicité et l'élégance qu'il a cru propres à lui gagner un plus grand nombre de suffrages.

On le voit aussi dans ces notes s'affermir dans ses idées; il s'annonce comme étant persuadé qu'il y a dans la matière une force chargée de la formation et du gouvernement du monde organique; il appelle cette force *végétatrice*; il imagine que c'est elle qui, en mettant en mouvement toutes les parties de la matière, excite en chacune d'elles une espèce de *vitalité*, distincte de toute autre sensation, et produite par l'union de deux autres forces, qu'il nomme *résistante* et *expansive* [3].

Le nombre des degrés qu'il doit y avoir dans l'action de cette force étant infiniment varié, il donne naissance à un nombre infini de combinaisons dans la vitalité, et par conséquent à une foule d'effets infiniment variés dans les machines animales. C'est cette force qui opère la nutrition et la transpiration par sa tendance constante du centre à la circonférence [4]; c'est elle qui fait naître

---

(1) *Saggio di Osservazioni microscopiche concernenti il systema della Generazione*, de Signori di Needham è Buffon. In Modena, 1765.

(2) *Nouvelles recherches sur les Découvertes microscopiques et la Génération des corps organisés*, ouvrage traduit de l'italien de M. l'abbé Spallanzani, avec des notes de M. de Needham, membre de la Société royale des Sciences et de celle des Antiquaires de Londres et correspondant de l'Académie des Sciences de Paris. A Londres et à Paris, 1760.

(3) Page 142. La singularité des idées de l'Auteur me fait un devoir d'indiquer les pages de l'ouvrage où on les trouve, afin que le lecteur puisse s'assurer que je les rapporte sans aucune altération.

(4) 203.

la variété des tempéraments, les passions bonnes ou mauvaises, les penchants du corps ; c'est elle qui diminue la vigueur dans les hommes qui ont une grande stature, et qui l'augmente dans ceux qui sont d'une taille moyenne ; c'est elle qui détermine la hauteur de quatre pieds pour les Lappons, et celle de six pieds pour les hommes qui sont le plus éloignés du Pôle [1].

Mais M. de Needham croit que la force végétatrice fait surtout remarquer son énergie dans la production des corps organisés, qu'elle éclaire une foule de phénomènes qui étaient restés jusqu'alors dans une obscurité impénétrable. Il est vrai qu'il ne trouve aucune difficulté à concevoir l'existence de cette force resserrée dans des vaisseaux extrêmement *vitaux* et *sensibles*, où elle acquiert une grande *exaltation*, et où elle parvient à modeler, par un *prolongement* de parties, un *petit germe parfait et spécifique*, qui n'est probablement autre chose qu'une quintessence d'un feu extrêmement actif et électrique [2]. Il continue à comprendre aisément comment ce prolongement résulte de la *concentration* des parties spécifiques, qui est dirigée par la force végétatrice, continuellement tendante à atténuer la matière et à la concentrer dans un foyer commun, à peu près comme l'œil qui est un centre, où les rayons viennent s'arranger de toutes parts dans le même ordre qu'ils reçoivent de l'harmonie préétablie de l'Univers [3].

Il ne prétend pas cependant que cette force soit toujours occupée à créer de nouveaux êtres orga-

(1) 204.   (2) 204, 205.   (3) 143.

nisés : il est vrai qu'elle emploie beaucoup de temps dans ce noble travail, mais elle sait aussi trouver des moments de tranquillité, pendant lesquels elle passe comme les hommes, d'un travail long et pénible, à un repos juste et nécessaire [1].

Pour expliquer ensuite comment la même force produit toujours des individus semblables dans les diverses espèces d'animaux, M. de Needham est obligé de reconnaître que cette force est *spécifiquement déterminée* dans chaque classe d'animaux, et qu'elle doit par conséquent produire toujours une forme déterminée; comme un boulet de canon qui décrit nécessairement un certain arc de parabole, et qui s'arrête à un point mathématiquement fixé, quand il a reçu un certain degré de mouvement [2].

Il cherche surtout à éclairer ceci avec le feu d'une fusée, dont la force est tellement mesurée par l'artificier, qu'il connaît avant d'y mettre le feu le sillon de lumière qu'elle tracera dans l'air [3].

Un animalcule microscopique qu'on trouve quelquefois dans les infusions et qui, semblable à un nouveau Protée, change sans cesse de figure, paraissant tantôt avec un corps mince comme un fil, tantôt sous une forme ovale ou sphérique, quelquefois replié comme un serpent, orné de rayons ou armé de cornes, cet animal remarquable fournit à notre philosophe un exemple, pour expliquer avec facilité comment la force végétatrice produit tantôt une grenouille et tantôt un chien, ou bien un moucheron, un éléphant, une araignée, une baleine, un bœuf et un homme : la *ductilité* de la matière animée

(1) 198.　　(2) 229.　　(3) 229.

par cette force peut prendre mille formes diverses comme l'animalcule dont il parle [1].

Par le moyen de ces explications, il montre aisément et sans employer beaucoup de métaphysique, la cause pour laquelle un aveugle et un manchot peuvent et doivent avoir des enfants qui aient tous leurs membres vigoureux, comme les enfants des pères les mieux conformés et les plus sains : la force végétatrice rend à ces enfants les organes et les membres qui manquent à leurs parents, comme elle rend aux écrevisses naissantes la jambe ou le pied qui manquait à l'écrevisse qui les a produites [2].

La reproduction des parties que les animaux ont perdues naturellement ou par le tranchant du scalpel est une espèce de génération; aussi l'auteur étend jusqu'ici l'empire de cette force végétatrice, qui pousse les sucs nourriciers dans les parties coupées, et y produit des *allongements substantiels organiquement déterminés et spécifiques*, ce qui signifie dans son style des parties nouvelles. Que les escargots se laissent donc couper la tête, les limaçons leurs cornes, les salamandres leurs jambes et leurs queues, les têtards leurs queues, les vers terrestres et aquatiques leurs têtes et leurs queues, la force végétatrice leur est caution qu'elle rendra précisément à leur corps les mêmes parties qu'on leur aura coupées ; semblables à ces artificiers chinois, pour me servir de la comparaison de M. de Needham, qui sont bien sûrs de faire partir hors des petites machines qu'ils allument, les représen-

(1) 229, 230.   (2) 230, 231.

tations de maisons, de plantes, d'animaux, ou de tels autres objets qui leur plairont le plus [1].

La force végétatrice est non seulement destinée à organiser la matière des êtres animés, elle peut encore la faire passer de l'état d'animal à celui de végétal, comme de l'état de végétal à celui d'animal. Cette métamorphose que M. de Needham avait développée dans son premier ouvrage ne fut pas à la vérité confirmée par l'expérience [2], mais il a fait de nouveaux efforts dans ses notes pour la démontrer à ses yeux ; il recourt à l'autorité de deux faits rapportés par des anonymes qui doivent être des voyageurs militaires; l'un est un *ver plante* chinois, ainsi appelé, parce qu'il paraît en hiver sous la forme d'un ver et comme une plante en été, l'autre est une mouche de l'île de la Dominique, qui se transforme pendant une partie de l'année en un arbrisseau, où l'on voit naître des branches et des gousses, qui produisent des vers, des chrysalides et ensuite des mouches nouvelles [3].

Il appuie ces deux faits par un troisième, qui est rapporté par le baron de Munchausen : celui-ci sema des champignons qui donnèrent naissance à des animaux, qui produisirent ensuite à leur tour des champignons [4].

Mais M. de Needham a encore le plaisir de voir l'accord de son système avec la Physique, la bonne

---

(1) 274, 275 et suivantes. L'Auteur, après y avoir donné un extrait de mon *Programme sur les Reproductions animales*, paraît vouloir en expliquer les phénomènes par le moyen de la force végétatrice.

(2) Voyez les chapitres VI et VII de ma dissertation dont j'ai parlé.

(3) 249 et suivantes.   (4) 236, 237.

Métaphysique, la Religion et l'Ecriture sainte; avec la Physique, puisque les preuves d'une force végétatrice dans la matière sont évidentes, soit qu'on considère les phénomènes des animalcules des infusions, ou ceux de l'irritabilité des plantes et des animaux, ou ceux du feu électrique; avec la bonne Métaphysique, et il appelle de ce nom la Métaphysique de Leibnitz, qui découvre une force active dans les éléments des corps dont les modifications variées sont une source continuelle des combinaisons infinies de l'étendue; avec la Religion, pourvu qu'on reconnaisse que la force végétatrice est l'ouvrage de la Divinité, qu'elle est uniquement soumise à sa vertu toute-puissante et qu'elle est renouvelée à chaque instant par elle, *attingens a fine usque ad finem et disponens omnia suaviter*, pour se servir de l'expression même de M. de Needham; avec l'Ecriture sainte, soit pour la formation du corps d'Adam, que la force végétatrice fit naître en métamorphosant la matière inerte et informe en une matière organisée et vitale, soit pour la production du corps d'Eve, qu'une végétation subite fit sortir du corps d'Adam, et qui s'en détacha comme un jeune polype se détache du polype mère [1].

Il semble cependant vouloir expliquer ce qu'il entend par la *force végétatrice*, en paraissant désigner par elle une certaine *puissance substantielle* ou *vertu occulte*, très différente de celle qui fait végéter les plantes; la vertu végétatrice des plantes agit sur celles-ci quand elles sont en vie, elle leur fournit des racines, des branches, des feuilles; au

<hr>

[1] 144 et suivantes.

lieu que la vertu végétatrice de M. de Needham n'agit sur les plantes que lorsqu'elles sont mortes, et pour leur faire reproduire de nouveaux êtres qui sont les animalcules des infusions. Il trouve que ces êtres ne sauraient mériter le titre d'*animaux*, parce qu'ils sont les derniers efforts de cette force de la Nature et qu'on doit seulement les appeler des êtres *vitaux* [1].

Si l'on veut concevoir encore mieux la nature et les qualités de cette force ou de cette puissance, il faut observer l'état d'une mouche à laquelle on a coupé la tête; ce fait paraît important à notre Auteur. Les effets de cette force, comme on l'a dit dès le commencement, sont une espèce de vitalité qu'on a réveillée dans la matière; on ne pourrait mieux comprendre en quoi consiste cette vitalité, qu'en recourant à une mouche à qui l'on a coupé la tête, puisque cette tête, comme M. de Needham le remarque, continue à sucer avec plaisir le sirop qu'on lui offre, précisément de la même manière qu'elle l'aurait sucé avant d'être séparée du reste du corps [2].

Tel est l'extrait abrégé et sincère des nouvelles idées de M. de Needham : il les propose avec cette persuasion intime qu'on a coutume de faire apercevoir, lorsqu'on énonce une vérité géométrique. Aussi, quand je parlai de son premier ouvrage [3], je fis l'éloge de ses ingénieuses découvertes; j'aurais bien souhaité pouvoir en faire autant après l'examen de celui-ci, mais la nature des choses que

(1) 173, 175, 205.   (2) 271.
(3) Nouvelles observations microscopiques.

cet ouvrage renferme est devenu un obstacle à l'exécution de mes désirs, et les inconvénients qui résultent de ses prétendues métamorphoses sont si nombreux, si considérables et si manifestes, qu'ils sautent aux yeux de tous ceux qui s'arrêtent pour les fixer. L'amitié que j'ai vouée depuis longtemps à M. de Needham m'ôte le chagrin de le réfuter. Je me garderai cependant bien de négliger l'examen des chapitres les plus importants de son ouvrage, parce que je souhaite lui témoigner la vraie estime que j'ai conservée pour lui, malgré la singularité de ses nouvelles idées. Il est vrai que j'aurais préféré de ne point parler de cet ouvrage, mais ma volonté a été vaincue par les instances ardentes d'un ami, qui m'a imposé souvent l'obligation d'en faire un extrait, quoique le sujet que je traite ne parût pas l'exiger. Comme je m'étais proposé dans cet ouvrage de pousser mes recherches sur la nature et la génération des animalcules [1], et particulièrement d'examiner une expérience fondamentale sur laquelle M. de Needham s'appuie dans ses notes, il m'aurait été bien difficile d'approfondir ces matières, sans indiquer auparavant les idées nouvelles que cet Auteur a répandues dans son livre. Aussi, ayant déjà rempli ce devoir, je parlerai d'abord de l'expérience dont je viens de faire mention.

M. de Needham tire de la naissance des animalcules dans les infusions une preuve pour établir son hypothèse. Il faut, dit-il, ou qu'ils éclosent de

---

(1) Le terme d'animalcule se prend toujours pour celui des animalcules des infusions.

semences spécifiques, ou qu'ils soient produits par une force végétatrice. Le premier cas ne peut avoir lieu, puisqu'on a trouvé autant d'animalcules dans les vases ouverts que dans les vases fermés, qui ont tous été exposés également à l'action du feu, quoique la chaleur qu'ils éprouvèrent alors eût dû détruire les semences prétendues qui devaient y être renfermées, si elles y avaient été réellement. Il résulte donc de ceci, que le second cas est le seul qui puisse exister. Tel est en abrégé le raisonnement de l'Auteur dans son premier ouvrage. Je ne le trouvais pas alors concluant, non seulement parce que je soupçonnai qu'il n'avait pas exposé les vases à un degré de feu suffisant pour faire périr les semences qui y étaient renfermées, mais surtout parce que ses semences pouvaient s'être aisément insinuées dans ces vases et y avoir donné le jour à des animalcules, car il avait seulement fermé ces vases avec des bouchons de liège qui sont très poreux. Je répétai cette expérience avec plus d'exactitude, j'employai des vases fermés hermétiquement, je les tins plongés dans l'eau bouillante pendant l'espace d'une heure, et après avoir ouvert ces vases et avoir examiné leurs infusions dans le temps convenable, je ne trouvai pas la plus petite apparence d'animalcules, quoique j'eusse observé avec le microscope les infusions de dix-neuf vases différents [1].

M. de Needham fait dans ses notes les plus grands efforts, pour trouver des arguments qui établissent son opinion et qui détruisent les résultats que j'ai

[1] Dissertation citée chap. X.

publiées dans ma Dissertation ; il y cherche à énerver la force de mes expériences faites dans des vaisseaux clos et il m'oppose celles qu'il a faites lui-même; il prétend *que j'ai beaucoup affaibli et peut-être anéanti la force végétatrice des substances infusées, en tenant mes vases exposés à l'action de l'eau bouillante pendant une heure;* il ajoute *que j'ai nui d'une manière notable à l'élasticité de cette portion d'air qui restait enfermée dans les vases par les exhalaisons de l'eau et par l'ardeur du feu,* et il conclut qu'il n'était pas surprenant si je n'avais aperçu aucun animalcule, mais qu'il m'assurait que j'en trouverais si j'employais un feu moins fort; il me promettait même d'abandonner son système si je ne réussissais pas comme lui dans ces expériences [1].

J'ai fait suffisamment connaître dans un autre petit livre [2] les moyens d'expliquer les résultats de mes expériences sans le secours de la force végétatrice. Mais j'ai cru devoir faire une longue suite d'expériences, qui feront le sujet des deux chapitres suivants, pour apprécier avec une impartialité philosophique les deux nouvelles objections que M. de Needham m'a faites relativement à l'expérience du feu.

(1) Si M. Spallanzani ne trouve, à l'ouverture de ses vases, après les avoir laissé reposer le temps nécessaire à la génération de ces corps, rien de vital, ni aucun signe de vie, j'abandonne mon système et je renonce à mes idées. P. 218.

(2) Voyez mon discours prononcé dans l'Université de Pavie, imprimé en 1770.

CHAPITRE II

I. Examen de la première objection de M. de Needham relative
à l'expérience faite par le moyen du feu. — II. Précautions
employées pour faire sûrement cet examen. — III. L'ébullition des semences végétales nuit-elle à la naissance des
animalcules dans les vases ouverts ? — IV. Durée plus ou
moins longue de cette ébullition. — V. Les animalcules
continuent-ils à naître dans les infusions dont les graines
ont été plus ou moins grillées ou exposées à l'ardeur des
braises, ou même à la terrible flamme d'un reverbère ? —
VI. Fausseté de la première objection. — VII. La force
végétatrice imaginée par M. de Needham est tout à fait
chimérique.

Pour estimer la valeur de la première objection
faite par M. de Needham, il fallait examiner si
l'*affaiblissement* ou l'*anéantissement* prétendu de
la force végétatrice dans les infusions est occasionné par une forte ébullition, j'imaginai pour
cela une expérience qui me parut décisive. Je
résolus de composer des infusions semblables avec
différentes semences végétales, dont les unes bouilli-
raient pendant peu de temps, d'autres pendant un
temps considérable, d'autres enfin pendant un
temps encore plus long; alors, si le nombre des
animalcules diminuait dans les différents vases, en
raison de la durée de l'ébullition, l'objection de
M. de Needham serait fondée, mais si le nombre
des animalcules restait le même qu'auparavant,
l'objection ne pourrait avoir aucune force.

J'ai préféré les semences végétales aux autres
matières, parce qu'elles sont les plus propres pour

produire des animalcules et j'ai encore choisi les semences qui en fournissent toujours, quoiqu'elles aient éprouvé l'action du feu. Ces semences furent les haricots blancs, la vesce, le blé sarrasin, l'orge, le maïs, les graines de mauve et de poirée. Afin de faire ces expériences avec la plus grande exactitude, je fis en sorte que chaque espèce de graines fût toujours tirée de la même plante.

Je me servis encore du jaune d'œuf de poule, parce que je savais que lorsqu'il a été macéré dans l'eau, il est rempli d'animalcules. L'expérience a déjà démontré que l'eau ne bout pas toujours au même degré de chaleur, mais qu'il en faut un plus grand, si le poids de l'atmosphère est plus considérable, et un moindre, si ce poids est plus léger; il résulte de là que la chaleur de l'eau bouillante est en raison de la pesanteur de l'atmosphère. Afin donc que les sept semences et le jaune d'œuf dont j'ai parlé eussent toujours le même degré de chaleur, je les fis bouillir dans le même temps. J'ai toujours eu la même attention dans les autres expériences que j'ai faites ensuite. La seule différence qu'il y eût dans la préparation de ces expériences, c'est qu'une partie de ces sept infusions et de celle du jaune d'œuf éprouva l'ébullition pendant une demi-heure, une autre partie pendant une heure, une troisième pendant une heure et demie et une quatrième pendant deux heures ; par ce moyen, je pouvais distinguer quatre classes d'infusions, et mettre ensemble dans la même les infusions des semences et du jaune d'œuf qui avaient été bouillies pendant une demi-heure, de même que toutes celles qui avaient été bouillies pendant une heure, ou pendant une heure et demie, ou pendant deux heures.

L'eau que j'employai pour faire ces infusions fut l'eau même dans laquelle les graines avaient été bouillies; j'observai seulement que l'eau qui avait bouilli pendant une demi-heure servît uniquement pour faire les infusions des graines qui avaient été exposées à la chaleur de l'ébullition pendant une demi-heure; j'eus la même attention pour les trois autres classes d'infusions, je les fis toujours avec une eau qui avait bouilli autant de temps que les graines qui la composaient.

Chacune de ces quatre classes d'infusions était distinguée par un numéro particulier, de sorte que je ne pouvais courir aucun risque de les confondre ou de les changer. Toutes étaient placées dans le même lieu, parce qu'il était très important qu'elles restassent dans la même température.

Les vaisseaux qui contenaient les infusions n'étaient pas scellés hermétiquement, ils étaient seulement fermés avec des bouchons assez lâches; dans cette recherche, je me proposais seulement d'observer si une longue ébullition affaiblirait ou détruirait la faculté qu'ont les infusions de produire les animalcules, parce que, si cela avait été possible, cela aurait dû arriver également dans les vaisseaux couverts et dans les vaisseaux clos. Afin de juger plus sûrement ce qui arriverait à ces infusions et à toutes celles que j'ai observées, je ne me suis point contenté d'en observer avec le microscope quelques gouttes, mais j'en ai toujours observé plusieurs de chaque infusion, parce qu'il arrive souvent qu'une infusion qu'on croit dénuée d'habitants, ou du moins où l'on n'en trouve qu'un très petit nombre lorsqu'on en observe seulement quelques gouttes, se trouve pourtant très peuplée quand on a la patience d'en observer plusieurs gouttes différentes. Pour l'ordinaire, la surface des infusions se couvre d'un voile gélatineux, qui est d'abord rare et facile à rompre, mais qui acquiert avec le temps de la densité et de l'épaisseur; c'est là qu'on trouve toujours le plus grand nombre d'animalcules, comme on.peut s'en assurer si l'on éclaire fortement un vase de verre plein d'infusions, et si on l'observe ensuite avec une lentille. J'ai souvent préféré cette manière d'étudier les infusions à toute autre.

Il arrive souvent qu'on ne peut pas distinguer sûrement ces animalcules au travers d'une infusion trop épaisse, ils y paraissent rares et petits; mais alors, avant d'observer, il faut délayer la goutte de liqueur avec un peu d'eau. J'ai averti dans un autre endroit [1] que je me servais pour mes infusions d'eau distillée, parce que l'eau commune pourrait tromper, en jetant dans les infusions les animalcules qu'elle couve quelquefois dans son sein. Dans le cours des expériences et des observations rapportées dans cet ouvrage, je me suis toujours servi d'eau distillée, non seulement pour faire mes infusions, mais encore pour les délayer, lorsque cela a été nécessaire ; j'ai même eu toujours soin de visiter cette eau avec une lentille avant de l'employer. Un animalcule qui s'y serait caché aurait pu dans certains cas altérer la vérité de l'expérience.

[1] Dissert. citée chap. IV.

Des précautions aussi importantes devaient être nécessairement décrites. J'ai cru que, dans des matières aussi graves et aussi délicates, il était indispensable de mettre chaque lecteur en état de juger, non seulement mes expériences et mes observations, mais encore d'en apprécier la méthode que j'ai suivie en les faisant.

Je fis trente-deux infusions le 15 septembre et je les observai le 23 pour la première fois : elles contenaient toutes des animalcules, mais leur nombre et leur espèce variaient dans chacune.

Les infusions du maïs fournirent des animalcules d'autant plus petits, et dont le nombre était d'autant moindre, qu'elles avaient été bouillies plus longtemps.

Il semblait donc que, quoique le feu eût été continué pendant longtemps, il n'avait pu empêcher la naissance des animalcules, mais qu'il avait peut-être contribué à diminuer leur nombre ou à altérer leur qualité. Ce résultat fut très différent dans les autres infusions. Les animalcules des infusions faites avec des haricots, de la vesce, de l'orge et de la graine de mauve se portaient mieux, après avoir supporté l'action du feu pendant deux heures, que les animalcules de ces infusions qui y avaient été exposés moins longtemps. Mais le sujet exige qu'on entre ici dans de plus grands détails.

L'infusion des haricots bouillis pendant deux heures renfermait des animalcules de trois espèces : il y en avait de très grands, de médiocres et de très petits. Les premiers étaient en partie elliptiques et en partie comme des cloches, ils étaient attachés à de longs fils qu'ils traînaient après eux lorsqu'ils se mouvaient. Les seconds avaient une forme qui approchait de celle du cylindre. Les troisièmes étaient presque sphériques, mais ces trois espèces étaient incroyablement nombreuses.

L'infusion qui avait été bouillie pendant une heure et demie, contenait des animalcules qui étaient dans la classe des plus grands et des plus petits, mais leur nombre fut diminué.

Ce nombre diminua encore dans les infusions exposées à une ébullition d'une heure, mais il se trouva le plus petit dans l'infusion qui n'avait été bouillie que pendant une demi-heure.

L'infusion qui fut faite avec de la graine de mauve, et qui fut tenue pendant deux heures dans l'eau bouillante, produisit des animalcules circulaires d'une grandeur moyenne; il y en avait d'autres qui étaient plus grands, ils étaient terminés par un bec crochu.

Les deux infusions de cette graine, qui avaient supporté une ébullition d'une heure et d'une heure et demie, renfermaient le même nombre et les mêmes espèces d'animalcules; et si l'infusion de deux heures d'ébullition contenait plus d'animalcules que celles-ci, ces dernières en avaient aussi plus que les infusions qui n'avaient été bouillies que pendant une demi-heure.

Une très grande quantité d'animalcules, faits en demi-lune, ou campaniformes, remplissaient les infusions faites avec de la vesce, quoiqu'elles eussent été bouillies pendant deux heures; ils avaient tous une masse considérable, tandis que dans l'infusion bouillie pendant une heure et demie, ces animalcules étaient très minces et en très petit nombre.

On voyait reparaître quelques animalcules campaniformes dans la même infusion bouillie pendant une heure, mais l'œil ne parvenait qu'avec beaucoup de peine à en découvrir de très petits dans l'infusion bouillie pendant une demi-heure.

Les animalcules qui habitaient l'infusion d'orge bouillie pendant deux heures étaient très gros et très abondants, les uns avaient une figure ovale et les autres l'avaient oblongue.

Les infusions qui avaient été bouillies pendant une heure et demie et pendant une heure ne fournissaient qu'une quantité médiocre d'animalcules très petits, dont on ne voyait plus que quelques-uns dans l'infusion bouillie pendant une demi-heure.

Les autres infusions ne suivirent aucune règle constante. Celle du blé sarrasin, qui avait été bouillie pendant une heure et demie, avait beaucoup plus d'animalcules que les autres infusions de la même graine. J'observai la même chose dans les infusions faites avec la graine de poirée et le jaune d'œuf; lorsqu'elles avaient été bouillies pendant une heure, elles avaient alors plus d'animalcules que les autres infusions de la même espèce dans les autres périodes d'ébullition. Mais il faut remarquer qu'il n'y eut que deux infusions bouillies pendant une demi-heure qui eussent moins d'animalcules que les autres.

Dans les descriptions précédentes, j'ai parlé légèrement de la forme des animalcules, mais j'ai donné des détails sur leur structure et leurs différents mouvements dans ma Dissertation [1]; on en trouvera de plus amples dans le cours de cet ouvrage.

Il résulte clairement de ces expériences, qu'une longue ébullition des infusions faites avec des graines n'empêche pas les animalcules d'y éclore, et quoique l'infusion du maïs bouilli n'ait pas été favorable à cette conséquence, il y a quatre infusions qui la confirment parfaitement, comme on a pu le voir.

Mais pourquoi arrive-t-il, pour l'ordinaire, que les infusions exposées le moins longtemps à l'action du feu aient aussi le moins d'animalcules? Je ne croirai pas me tromper en donnant les raisons suivantes pour expliquer ce phénomène. Afin que les animalcules commencent à paraître dans les infusions, il faut que les corps qui se macèrent commencent à se dissoudre d'une manière sensible, car à mesure que cette dissolution s'opère, au moins pendant un certain temps, on voit le nombre des animalcules s'augmenter. J'ai déjà indiqué ailleurs la régularité qu'on observe dans ces deux événements [2]; les nouvelles recherches que j'ai faites me fourniraient de nouvelles preuves pour confirmer cette découverte, si cela était nécessaire. Les graines des plantes qui ont été bouillies pendant un temps moins long, ont été environnées et pénétrées pendant un temps moins long par la force dissolvante du feu, et par conséquent, lorsqu'on aura mis ces graines en macération, elles ne seront pas décomposées si vite que celles qui ont été bouillies beau-

(1) Chap. cité.
(2) Chap. IV et V.

coup plus longtemps. Il ne faut donc pas s'étonner si, lorsque ces infusions regorgent d'animalcules, les autres en ont un très petit nombre.

C'est sans doute la raison pour laquelle il arrive que lorsqu'on fait deux suites d'infusions, dont l'une est composée de graines bouillies et l'autre de graines non bouillies, on voit les animalcules naître plutôt dans la première que dans la seconde.

Une courte ébullition n'est pas suffisante pour décomposer les semences végétales, cette décomposition ne s'opère que par une macération longue et lente. Aussi, quelques jours après que j'eus fait ces expériences, je vis le nombre des animalcules s'accroître toujours davantage dans les infusions qui avaient été bouillies le moins longtemps et, vers le milieu d'octobre, leur nombre s'y était accru à un tel point que les trente-deux infusions en regorgaient également; la seule différence qu'il y avait entre ces animalcules était relative à leur forme, à leur grandeur et à leur mouvement. Je jouis de l'agréable scène de ce spectacle microscopique jusqu'au 10 novembre, et sans doute la toile n'aurait pas été baissée pour moi, si j'avais continué à observer les infusions qui en étaient le théâtre.

Je ne dois pas oublier que, peu de temps après avoir fait subir ces épreuves aux espèces de graines dont j'ai parlé, je fis des expériences de la même manière sur quatre autres graines, savoir sur les graines de pois, de lentilles, de fèves et de chanvre. Leurs résultats s'accordèrent en ceci, c'est que si l'on excepte l'infusion de fèves, les animalcules naquirent toujours plus promptement et avec plus d'abondance dans les infusions qui avaient été bouillies le plus longtemps.

Tous les physiciens s'accordent à regarder comme une vérité que l'eau qui bout n'est pas susceptible d'un degré de chaleur plus grand que celui qu'elle a, quand même on la laisserait longtemps exposée à l'action du feu, pourvu qu'elle puisse s'évaporer. Aussi, quand j'ai dit que les semences qui ont été bouillies le plus longtemps ont souffert un plus grand degré de chaleur, cela doit s'entendre de la *durée* pendant laquelle le même degré de chaleur a pu agir sur elles, et non de l'*intensité* de la chaleur que ces graines ont éprouvée pendant la durée la plus longue de l'ébullition.

Je fus curieux de savoir, si l'augmentation de l'intensité dans la chaleur nuirait à la naissance des animalcules. Pour le découvrir, j'employai un autre moyen. Je fis chauffer lentement dans la machine où l'on torréfie le café les onze espèces de graines dont j'ai parlé, jusqu'à ce que chacune d'elles fût médiocrement desséchée par le feu; j'en composai onze infusions avec de l'eau que j'avais fait déjà bouillir suivant ma coutume. Mais cette intensité plus grande dans l'action du feu ne put mettre aucun obstacle à la naissance des animalcules, ni diminuer leur nombre : ils parurent d'abord, comme à l'ordinaire, en très petit nombre, mais ils se multiplièrent toujours davantage, tellement que vers la moitié d'octobre, c'est-à-dire vingt jours après que les infusions furent faites, les animalcules se pressèrent si fort dans la liqueur, qu'elle parut entièrement animée.

Ma curiosité fut encore plus excitée par la force que ces animalcules firent voir en résistant à ce degré de feu, on les vit naître toujours malgré lui dans les infusions; j'essayai de pousser le feu plus loin, je torréfiai ces graines comme on a coutume de torréfier le café, je les réduisis ensuite comme le café en une poudre fine, l'action du feu leur avait donné la couleur de la suie, j'en composai alors autant d'infusions qu'il y avait d'espèces de graines. Je fis de même une infusion avec un jaune d'œuf qui avait souffert une chaleur désignée par le 110° du thermomètre de Réaumur [1].

Qu'arriva-t-il? Les animalcules parurent également dans les infusions faites avec cette poudre de graines torréfiées; il s'écoula seulement un peu plus de temps avant que les animalcules y fussent nombreux, mais il faut observer que la saison était alors moins chaude et que ces animalcules multiplient d'autant plus vite que la température de l'air a plus de chaleur.

Quoique, après toutes ces observations, j'eusse résolu la première objection de M. de Needham, il me sembla cependant encore que mes doutes ne seraient pas entièrement dissipés, si je ne faisais pas éprouver aux semences végétales la plus grande intensité de chaleur, qu'on puisse exciter par le moyen de notre feu agissant naturellement par lui-même, ou encore irrité par l'art. La braise et la flamme d'un réverbère furent les deux agents que j'employai. Je mis d'abord des graines sur une

---

(1) Le thermomètre dont je me suis servi pour faire les expériences décrites dans cet opuscule, de même que celles qui sont rapportées dans les autres, est le thermomètre de Réaumur.

plaque de fer placée sur des braises, jusqu'à ce que
la flamme les eût entièrement consumées et con-
verties en un charbon très sec, que je réduisis ensuite
en poudre; j'en fis alors avec de l'eau bouillante
autant d'infusions différentes qu'il y avait de
graines. Je fis aussi du charbon avec les mêmes
graines par le moyen de la flamme d'un réverbère,
ce charbon était non seulement extrêmement sec,
mais il était encore devenu extrêmement dur.
J'avoue ingénument que je ne me serais pas attendu
que les animalcules parussent encore dans ce nouveau genre d'infusions comme dans les précédentes;
mais après les avoir vus et revus, je pouvais à peine
en croire mes yeux; aussi je répétai deux fois cette
expérience avec cette nouvelle précaution, je remplis
dans le même temps plusieurs vases avec de l'eau
que j'employai pour mes expériences, parce que
j'avais soupçonné que l'apparition des animalcules
pouvait peut-être provenir plutôt de l'eau dont je
me servais que des graines brûlées, mais il est vrai
que les animalcules reparurent chaque fois dans les
infusions faites avec les graines brûlées, comme
dans la première expérience, quoique je n'aperçus
jamais un seul animalcule dans l'eau pure des vases.

Ces faits me persuadèrent pleinement que les
infusions faites avec des graines exposées à une
intensité quelconque de feu produisent toujours des
animalcules, d'où il résulte par une conséquence
rigoureuse et incontestable, non seulement que la
première objection du naturaliste anglais est
fausse, mais encore que la *force végétatrice*, dont il
fait un si grand usage, n'est autre chose qu'un

ouvrage de pure imagination; car si la violence du feu devait priver les infusions de toute espèce d'animalcules en détruisant entièrement cette force végétatrice, que doit-on penser, lorsqu'on voit que c'est alors qu'elles en sont le plus abondamment pourvues? Il faut donc conclure que, si l'on ne voit point naître d'animalcules dans les vaisseaux fermés hermétiquement et conservés dans l'eau bouillante pendant une heure, cela vient d'une toute autre cause que de celle qui est imaginée par notre Auteur.

CHAPITRE III

I. Examen de la seconde objection de M. de Needham, relativement aux expériences du feu. — II. Circonspection employée pour faire cet examen. — III. Faits qui prouvent la fausseté de cette seconde objection. — IV. Les animalcules d'un *dernier ordre* naissent dans les infusions scellées hermétiquement, lorsqu'elles ont été bouillies. — V. Les animalcules d'*ordres supérieurs* ne naissent dans les infusions scellées hermétiquement que lorsqu'elles ont éprouvé une chaleur beaucoup plus petite que celle de l'eau bouillante. — VI. Les animalcules des ordres supérieurs sont tués par le même degré de chaleur que ceux du dernier ordre. — VII. Les animalcules sont produits par des germes. — VIII. Si quelques espèces de ces germes peuvent résister à la chaleur de l'eau bouillante. — IX. Tentatives proposées pour éclaircir ce sujet.

L'examen de cette objection se réduit à deux points. Premièrement, il faut soumettre un nombre donné de vases hermétiquement fermés à la chaleur d'un feu gradué, de manière que quelques-uns de ces vases en sentent plus les impressions que les autres, et observer si le nombre des animalcules diminue, ou si leur naissance trouve des obstacles en raison de l'augmentation de la chaleur. Secondement, il faut rechercher si ces augmentations de chaleur fournissent des preuves qui établissent la diminution de l'élasticité de l'air renfermé dans les vases. Un examen approfondi de ces deux points me paraît fournir une lumière suffisante pour décider si la seconde objection est fondée ou si elle ne l'est pas.

Afin de faire convenablement ces deux recherches, je scellai hermétiquement des vases où j'avais mis les onze espèces de graines dont j'ai parlé dans le chapitre second; mais, pour faire cette opération avec les précautions nécessaires, il fallait empêcher que l'air emprisonné dans ces vases ne se raréfiât assez sensiblement pour perdre son élasticité, ce qui doit sûrement arriver lorsqu'on scelle ces vases à la flamme du réverbère, surtout si, après avoir enveloppé leurs cols avec la flamme pour les ramollir, on se presse trop de les fermer, et si l'on néglige des préparations nécessaires pour éviter cette raréfaction : alors le feu se répandant avec impétuosité dans l'intérieur du col des vases, il parvient souvent jusqu'à leurs ventres, et il en chasse nécessairement une grande partie de l'air qui y était contenu; cette portion hermétiquement enfermée, étant ainsi plus ou moins raréfiée, est par conséquent plus ou moins élastique. En effet, si l'on rompt le sceau hermétique de ces vases, lorsqu'ils se sont refroidis, on entend presque toujours un petit sifflement occasionné par l'air extérieur qui se précipite avec force dans le trou du vase, où il trouve une moindre résistance. Il est évident que ce sifflement est produit par l'entrée de l'air extérieur dans le vase, car la flamme d'une chandelle placée dans le voisinage du sceau hermétique, lorsqu'on le rompt, est chassée vers la bouche de ce trou avec assez de force pour en être quelquefois éteinte; d'ailleurs, si l'on renverse le vase de haut en bas, si l'on plonge dans l'eau sa pointe fermée et si on l'y rompt, l'eau s'insinue d'abord dans le trou et

elle s'élève dans le vase à une hauteur plus grande
que le niveau de l'eau extérieure; ce qui démontre
que l'air du vase est plus raréfié et moins élastique
que l'air extérieur.

Pour éviter cet inconvénient, je diminuai d'abord
la grosseur des cols des vases à la flamme du
réverbère, jusqu'à ce qu'ils se terminassent comme
des tubes presque capillaires. Je les laissai refroidir,
puis je poussai la pointe de la flamme, là où les cols
des vases étaient les plus déliés, alors je les fermais
hermétiquement presque en un instant et sans que
l'état de l'air interne fut altéré; au moins on
n'entendait point de sifflement lorsqu'on rompait
les pointes des vases.

Je m'assurai, par ce moyen, que l'air renfermé
dans ces vases était de la même densité que celui de
l'atmosphère, mais avant de les exposer à la chaleur,
il fallait chercher si les graines renfermées dans
ces vases ne souffriraient pas de cette prison, et n'y
trouveraient pas un obstacle à la production des
animalcules; car si cela était arrivé, on n'aurait
pu en attribuer la cause ni au feu, ni à l'air, mais
à la seule clôture des vases. J'avais appris la
nécessité de cette précaution par d'autres expériences [1] qui m'avaient fait connaître : 1º que les
animalcules ne naissent dans les vases scellés
hermétiquement que lorsqu'ils étaient d'une grande
capacité; 2º qu'ils n'y naissaient pas toujours;
3º que quand ils y naissaient, ils n'y étaient jamais
en si grand nombre que dans les vases ouverts. J'ai
reconnu la nécessité de ces nouvelles expériences,

_____

(1) Dissert. citée chap. X.

car, quoique j'eusse employé des vases d'une capacité assez grande, il y eut deux espèces de graines, les fèves et les pois, qui n'y produisirent aucun animalcule, les autres neuf espèces en fournirent un nombre suffisant. Je me suis borné à faire mes expériences sur ces neuf dernières espèces qui avaient produit des animalcules, quoiqu'elles fussent enfermées dans des vases scellés hermétiquement. Je fis éprouver à chacune d'elles l'action du feu de cette manière : je pris neuf vases, ou je mis ces graines après les avoir scellés hermétiquement; je les tins plongés dans l'eau bouillante pendant une demi-minute, je plongeai neuf autres vases semblables dans l'eau bouillante pendant une minute, neuf autres pendant une minute et demie, et neuf autres pendant deux minutes. J'eus ainsi trente-six infusions, entre lesquelles il y en avait neuf composées de graines qui avaient souffert pendant une demi-minute la chaleur de l'eau bouillante, neuf autres semblables qui avaient été exposées à la même chaleur pendant une minute, neuf autres pendant une minute et demie, et neuf autres pendant deux minutes. Pour savoir quel serait à peu près le temps où je pourrais visiter ces infusions hermétiquement fermées, j'en fis dans le même temps de semblables dans des vases ouverts, et quand elles fourmillèrent d'animalcules, j'ouvris et je visitai celles qui étaient hermétiquement fermées. Après onze jours, les neuf infusions ouvertes furent remplies d'animalcules; je pensais alors à visiter celles qui étaient fermées, mais en rompant le sceau hermétique du premier vase, j'entendis sortir du

trou un petit bruit, un léger sifflement assez
semblable à celui dont j'ai déjà parlé; je soupçonnai
alors que le feu pouvait avoir véritablement nui à
l'élasticité de l'air interne du vase et que, par
conséquent, la seconde objection de M. de Needham
pouvait être fondée; ma curiosité excitée me fit
observer avec la plus grande attention ce qui
arriverait lorsque je briserais le sceau hermétique
des autres vases, mais tous me firent entendre le
même sifflement; je m'assurai bientôt qu'il venait
d'une cause contraire à celle que j'avais d'abord
soupçonnée et qu'il était produit par l'élasticité de
l'air intérieur qui était plus grande que celle de
l'air extérieur; car, 1° en présentant la flamme
d'une chandelle au trou fait au vase, dans le
moment qu'on l'ouvrait, la flamme était chassée
vers le côté opposé du trou et elle s'éteignait ainsi
le plus souvent; 2° ayant deux fois à peine touché
avec un instrument de fer le sceau hermétique, il
s'élança hors du vase et il parcourut l'espace
environ d'un demi-pied; 3° ayant fait couler
l'infusion vers le sceau hermétique et l'ayant rompu
dans ce moment, la liqueur au même instant
s'échappa avec violence hors du vase; 4° ayant
rompu le sceau hermétique sous l'eau, celle-ci, au
lieu d'entrer dans le vase, fut poussée en dehors,
de sorte que son niveau en fut élevé pendant quelque
temps. Toutes ces preuves réunies démontrent que
l'air intérieur était plus élastique que l'extérieur,
cela devait être de cette manière. Les graines,
comme on le sait, renferment beaucoup d'air; dans
leur dissolution, par la chaleur ou par la macération,

il doit s'en échapper une grande quantité, qui rendra nécessairement plus élastique et plus dense la portion d'air qui est dans le vase hermétiquement scellé. Je ne nie pas cependant que cette augmentation de force, dans l'élasticité de cet air renfermé, ne soit encore produite en partie par ce fluide élastique qu'on a découvert dans les végétaux et qui est d'une nature apparemment différente du fluide aérien.

Pour revenir aux infusions scellées hermétiquement, je les observai avec le microscope; voici ce que j'aperçus. Je fus d'abord extrêmement surpris de voir comment ce feu, dont l'intensité était si inférieure à celle dont j'ai parlé dans le chapitre précédent, avait cependant eu assez d'efficacité pour être un obstacle à la naissance de nos animalcules; quelques-unes des infusions étaient un désert absolu, les autres étaient réduites à une telle solitude, qu'on n'y voyait que quelques animalcules semblables à des points par leur petitesse, et dont on n'apercevait l'existence qu'avec la plus grande peine. Que le lecteur se représente deux lacs, dans l'un desquels il verrait nager des poissons de toutes les grandeurs, depuis la baleine jusqu'aux plus petits, tandis qu'il ne découvrirait dans l'autre que de très petits poissons semblables à des fourmis : alors il aura une idée sensible des animalcules qui naquirent dans les neuf infusions ouvertes, et de ceux qui parurent pendant le même temps dans les neuf infusions qui avaient été scellées.

Mais je fus surtout étonné de ce que l'action du feu pendant une minute avait été aussi nuisible aux animalcules que celle qu'ils avaient éprouvée pendant deux minutes. Les graines qui produisirent ces animalcules si incroyablement petits furent les fèves, la vesce, le blé sarrasin, la graine de mauves, le maïs et les lentilles. Je ne pus jamais apercevoir le plus petit être animé dans les trois autres espèces de graines, quelques fussent les soins que j'apportasse à leur observation.

Je conclus donc sur ces expériences que l'action de la chaleur de l'eau bouillante pendant une demi-minute était fatale à tous les animalcules de la plus grande espèce, même à ceux de la médiocre et de la petite, que j'appellerai animalcules des *ordres supérieurs*, pour me servir de l'expression énergique de mon illustre ami, M. Bonnet, tandis que cette action de la chaleur de l'eau bouillante prolongée pendant deux minutes ne faisait aucun mal aux animalcules que j'appellerai du *dernier ordre*. Ce double résultat me fournissait deux problèmes nouveaux à résoudre. La solution du premier devait m'apprendre si, en poussant l'ébullition au delà de deux minutes, j'empêcherais par ce moyen la naissance des animalcules du dernier ordre; le second problème m'engageait à chercher si, en faisant agir la chaleur de l'eau bouillante sur ces infusions moins d'une demi-minute, il pourrait se développer quelques animalcules d'un ordre supérieur. La solution de ces deux problèmes était essentielle dans cette recherche, je m'efforçai aussi de la trouver par le moyen des expériences suivantes. Je commençai d'abord à chercher la solution du premier problème; je plongeai dans l'eau bouillante les vases contenant les six semences qui avaient produit les animalcules du dernier ordre, après les avoir scellés hermétiquement et avoir observé toutes les précautions dont j'ai parlé; j'en tins quelques-uns ainsi plongés dans l'eau bouillante pendant deux minutes et demie, d'autres pendant trois minutes, d'autres encore pendant trois minutes et demie, d'autres enfin pendant quatre minutes.

Ayant cassé dans le temps convenable les sceaux hermétiques qui fermaient les vingt-quatre vases, on ne vit dans aucun d'eux aucun animalcule des ordres supérieurs, mais on y trouva plus ou moins d'animalcules du dernier ordre.

Après avoir rompu le sceau hermétique aux vingt-quatre vases dont je viens de parler, on entendait le plus souvent le sifflement dont il a été déjà question; il était produit, comme je l'ai remarqué, par l'effort violent de l'air en sortant des vases; cet air était plus élastique que l'air extérieur, je m'en suis convaincu par toutes les preuves précédentes, mais surtout par une nouvelle parfaitement décisive. Je vis le mercure s'élever dans un petit baromètre enfermé sous un récipient plein d'air dans son état naturel, toutes les fois que je venais à rompre le sceau hermétique des vases que j'y plaçais. Je remarquerai ici pour toujours, afin d'éviter les répétitions, que j'ai presque toujours observé cet effet de la condensation de l'air dans l'intérieur des vases, lorsque j'ai fait avec du feu les autres expériences dont je parlerai.

Je prolongeai le temps de l'ébullition, en tenant les vases où étaient les six infusions plongées dans l'eau bouillante pendant sept minutes ; je visitai ces infusions dans le temps convenable, et je trouvai dans toutes plus ou moins d'animalcules du dernier ordre ; enfin ils parurent encore dans ces infusions, quoiqu'elles eussent été plongées pendant douze minutes dans l'eau bouillante.

Mais on pourrait peut-être croire qu'une illusion d'optique m'a fait prendre l'ombre pour la réalité, en me faisant regarder comme des animalcules du dernier ordre, ce qui n'est qu'un effet produit par les matières infusées qu'une fermentation lente dissout, dont les parties glissantes peuvent se mouvoir au moindre choc, qu'un esprit actif et volatil peut pénétrer et agiter, que leur évaporation plus ou moins prompte et abondante peut rendre mobiles, qu'une attraction ou peut-être une répulsion vigoureuse approchent et éloignent tour à tour, dans lesquelles des bulles d'air très petites peuvent remuer en s'échappant continuellement : c'est ainsi que mille accidents semblables pourraient en imposer aux observateurs. Mais si ces apparences trompeuses peuvent séduire ceux qui commencent à s'exercer dans l'art difficile des expériences et des observations, elles sont bientôt réduites à leur juste valeur par ceux qui se sont exercés souvent et pendant plusieurs années dans l'usage du microscope, et qui ont fait une étude particulière et soutenue de ces divers ordres d'animalcules infiniment petits.

Quoique ces animalcules du dernier ordre soient très petits en comparaison des animalcules des ordres supérieurs, leur petitesse n'empêche pas qu'on ne distingue les différences qu'il y a dans leurs formes et dans leurs grandeurs. Je ne parle pas de leur figure pour ne pas ennuyer le lecteur.

J'aurais voulu faire éprouver aux infusions l'action d'une chaleur plus soutenue, en tenant plus longtemps plongés dans l'eau bouillante les vases qui les renfermaient, mais les vases de verre dont je me servis alors ne me le permirent pas; après avoir souffert la chaleur de l'eau bouillante pendant quelques minutes, ils sautèrent en pièces, et je puis dire que je perdis de cette manière les deux tiers de ceux que j'avais.

Je réussis à me procurer ensuite des vases qui résistèrent mieux à l'action du feu et je parvins à leur faire éprouver une ébullition plus longue, en n'y mettant qu'une petite dose des infusions dont j'ai parlé; sans cette précaution, j'étais encore sûr de voir sauter tous mes vases. Mais pour ne pas perdre un temps précieux dans de trop petits détails, je rapporterai seulement le résultat de mes observations. L'ébullition d'une demi-heure ne fut pas un obstacle à la naissance des animalcules du dernier ordre, qui peuplèrent toujours plus ou moins tous les vases exposés à son action pendant tout ce temps-là; mais l'ébullition pendant trois quarts d'heure, ou même pendant un temps un peu moindre, eut la force de priver entièrement d'animalcules les six infusions.

On sait que la chaleur de l'eau bouillante est environ de 80°; les infusions dont j'ai parlé avaient au moins pris ce degré de chaleur, comme il parut par les signes d'ébullition qu'elles donnèrent pendant tout le temps que bouillait l'eau qui environnait les vases où elles étaient contenues. J'ai dit que les infusions avaient *au moins* pris ce degré de chaleur, parce que les physiciens savent que l'eau qui bout dans un vase fermé acquiert une plus grande intensité de chaleur que celle qui bout dans un vase ouvert.

Après avoir résolu le premier problème et avoir déterminé pendant combien de temps on pouvait prolonger au delà de deux minutes l'ébullition des infusions dans des vases fermés sans nuire à la naissance des animalcules, il me restait à chercher la solution du second problème, qui est l'inverse de celui-ci, et à trouver combien on devait abréger la durée de l'ébullition en deçà d'une demi-minute, pour y laisser naître des animalcules des ordres supérieurs.

Afin d'éclaircir cette question, je me servis d'une pendules à secondes, et j'eus le soin de tenir les vases des infusions plongés dans l'eau bouillante pendant un nombre donné de secondes, en commençant immédiatement à 29 secondes. Mais pour tout dire en un mot, une seule seconde d'ébullition fut suffisante pour empêcher la naissance des animalcules des ordres supérieurs. Il ne me restait plus qu'à employer un degré de chaleur moindre que celui de l'eau bouillante, comme, par exemple, les degrés 79, 78, 77, 76, etc., en descendant ainsi jusqu'au degré qui ne nuirait pas au développement de ces ordres d'animalcules.

Pour m'assurer que la chaleur que je voulais communiquer aux infusions avait eu le temps de s'y insinuer, je faisais chauffer doucement l'eau dans laquelle les vases des infusions étaient plongés, jusqu'à ce que cette eau eût acquis le degré de chaleur que je souhaitais, j'en jugeais par le moyen d'un thermomètre qui y était plongé à côté des vases.

Il aurait été aussi pénible qu'ennuyeux de descendre de degrés en degrés, et de faire éprouver d'abord aux infusions la chaleur marquée par le 79°, puis par le 78°, ensuite par le 77°, etc. Il eût été peut-être inexact de descendre par des sauts trop grands, qui auraient occasionné une variété de chaleur trop remarquable, en passant par exemple, du 80° au 60° et de celui-ci au 40°, etc., il aurait pu arriver que les animalcules eussent paru non seulement à ce degré de chaleur, mais encore à un autre beaucoup moins rétrograde; je crus donc convenable de prendre un terme moyen, par lequel je pusse diminuer mes peines en faisant ces expériences, et prévenir le reproche qu'on aurait pu me faire d'être un observateur inexact. Je procédai donc de 5 degrés en 5 degrés, en commençant par le 75 pour passer au 70, et de celui-ci au 65, puis au 60; j'eus par ce moyen quatre suites d'expériences correspondantes à ces quatre nombres 75, 70, 65, 60; chacune des suites contenait les neuf espèces de graines, ce qui me donna trente-six vases, dont je rompis le sceau hermétique, après avoir laissé écouler le temps nécessaire pour la production des animalcules dans ces trente-six vases. J'observai donc qu'au 60°, c'est-à-dire à une chaleur de 20° plus petite que celle de l'eau bouillante, il ne parut aucun animalcule des ordres supérieurs dans les infusions fermées hermétiquement après qu'elles eurent été exposées à cette chaleur. Je continuai donc la même marche rétrograde de 5 degrés en 5 degrés, et j'arrivai du 55 au 35; de sorte que, comme il y avait eu cinq suites d'expériences, j'avais eu quarante-cinq vases à observer. J'ai déjà dit que je fus fort étonné de voir une foule d'animalcules de toutes les formes et de toutes les grandeurs dans les infusions de graines exposées dans des vaisseaux ouverts à l'action d'un réverbère [1]; mais je ne le fus pas moins quand je vis qu'il m'était impossible de trouver un seul animalcule des ordres supérieurs dans ces infusions fermées hermétiquement, quoique la dernière suite n'eût éprouvé que le degré très modéré de chaleur marqué par le 35°.

Il me restait peu d'expériences à faire pour arriver au degré de chaleur de l'atmosphère, c'était le milieu de juillet et le thermomètre montait à l'ombre au 25°; je mis dix-huit vases en expériences, dont neuf éprouvèrent le 30° degré de chaleur et neuf le 25°; je n'observai aucun animalcule des ordres supérieurs dans les vases qui avaient été exposés à la chaleur indiquée par le 30°, mais j'en trouvai dans les neuf vases qui n'avaient éprouvé que la chaleur marquée par le 25°. Je trouvai dans chacun de ces vases la même quantité et la même qualité d'animalcules que j'avais observés dans les mêmes infusions mises dans les vases fermés, mais qui n'avaient point éprouvé l'action du feu.

(1) Chap. II.

Cette découverte me fournit un moyen facile pour découvrir précisément le degré qui commencerait d'être fatal à ces animalcules, il était compris entre le 30° et le 25°. Je découvris que c'était le 28°, car au 27° on n'apercevait que quelques animalcules des ordres supérieurs et au 28° on ne découvrait plus que ceux du dernier ordre.

J'ai indiqué au commencement de ce chapitre la méthode que j'ai suivie relativement au temps où j'avais coutume d'ouvrir les vases qui renfermaient mes infusions. Toutes les fois que j'ai fait des infusions et que je les ai fermées hermétiquement, j'en ai fait aussi pendant le même temps, que j'ai laissées ouvertes; je plaçai les unes et les autres dans le même lieu, de manière qu'elles eurent toutes la même température, et quand je voyais que les infusions ouvertes étaient remplies d'animalcules de tous les ordres, alors je visitais celles qui étaient fermées. Cette méthode m'a paru la meilleure; cependant je l'ai changée plus d'une fois, lorsque j'ai vu la résistance des animalcules d'un ordre supérieur à se développer. Quelquefois j'ouvrais ces infusions plus tôt, quelquefois plus tard, souvent j'ai laissé passer un temps très long, mais les phénomènes ont toujours été les mêmes et je me suis bien convaincu de cette manière, que si ces animalcules ne se sont pas développés, ce n'était point parce que le temps leur avait manqué ou parce qu'ils en avaient eu trop, mais parce que la chaleur qui avait pénétré les vases fermés où ils étaient les avait empêché d'y naître.

Avant de finir le récit des expériences contenues dans ce chapitre et de m'arrêter pour y réfléchir mûrement, je parlerai de la mort des animalcules après avoir si longtemps parlé de leur naissance. On a vu que ceux du dernier ordre existent dans les vases fermés lorsqu'ils sont exposés à la chaleur marquée par le 80°, tandis que les animalcules des ordres supérieurs paraissent à peine dans les infusions qui ont éprouvé le 27°. Il semblerait donc qu'en exposant les uns et les autres à l'action de la chaleur, les animalcules du dernier ordre auraient dû y résister mieux que ceux des ordres supérieurs, mais la même chaleur qui ôte la vie aux uns l'ôte aussi aux autres. C'est une observation constante que les animalcules des ordres supérieurs, comme ceux des inférieurs, cessent de vivre au 33° ou tout au plus au 34°.

Il y a deux résultats importants à tirer des expériences que j'ai rapportées. Le premier fait connaître la grande efficacité du feu pour priver les infusions fermées d'une foule d'êtres vivants; car dans les infusions faites dans les vases ouverts, on observe une affluence et une variété incroyable d'animalcules, tandis que dans les mêmes infusions, faites dans des vaisseaux clos et qui ont souffert l'action du feu, on n'en distingue pas une seule espèce qu'on puisse appeler la dernière de toutes relativement à la grandeur, quoiqu'on étende la pénétration de sa vue par tous les moyens possibles. On ne peut pas attribuer la mortalité de ces animalcules à la clôture des vases dans lesquels les infusions sont renfermées, puisque les expériences prouvent que le nombre de ces animalcules est seulement alors diminué. Il faut donc conclure que l'action du feu en est la seule cause. Mais comment cela peut-il arriver ? On ne peut pas croire que le feu ôte aux matières infusées la propriété de produire des animalcules : j'ai prouvé dans le second chapitre la fausseté de cette idée. Mais peut-être le feu dépouille-t-il en partie l'air intérieur de son élasticité ? Cependant on peut voir, par les précautions que j'emploie en fermant les vases au feu, que l'équilibre de l'air extérieur et l'air intérieur n'est point troublé, et si l'on considère cet air à l'ouverture des vases, on verra que bien loin d'être moins élastique que l'air extérieur son élasticité est plus grande. Enfin, on pourrait croire que cette augmentation d'élasticité nuit à la naissance des animalcules ; mais je les ai vu paraître dans ces vases, où j'avais condensé l'air intérieur, de manière qu'il était deux ou trois fois plus élastique que dans son état naturel : il faut donc conclure que les animalcules des ordres supérieurs ne paraissent pas dans les vaisseaux clos exposés au feu, parce que la chaleur vicie ou détruit les principes qui devaient les produire. Mais je ferai mieux comprendre encore la force de cette conclusion.

Le second résultat des expériences que j'ai rapportées est l'inverse du premier, il est relatif à la constance, ou plutôt à l'obstination des animalcules du dernier ordre à paraître dans les infusions bouillies dans des vaisseaux clos. Ce résultat n'est pas plus favorable à M. de Needham que le premier. Cependant, selon ses idées, mes infusions bouillies pendant une heure ont été entièrement épuisées d'animalcules, parce que la force du feu avait détruit la force végétative et altéré l'élasticité de l'air renfermé dans les vases [1]. Qu'il me marque donc le temps pendant lequel je dois tenir les infusions exposées à la chaleur, afin d'y voir paraître les animalcules. Il le détermine en indiquant *le degré de chaleur nécessaire pour faire périr les œufs des papillons des vers à soie* [2]. C'est comme s'il avait fixé la chaleur indiquée par le 47 ou 48° du thermomètre de Réaumur, puisque, comme on le verra dans le chapitre suivant, c'est le degré de cette chaleur qui empêche les œufs des papillons d'éclore ; cependant, ce degré de chaleur, non seulement n'a pas empêché la multiplication des animalcules du dernier ordre, mais même la chaleur indiquée par le 80° ; cette chaleur, soutenue pendant plus d'une demi-heure, n'a pas été un obstacle à leur naissance.

Voilà les faits que j'ai pu rassembler pour estimer la valeur de ces deux objections ; on voit aisément qu'ils s'accordent peu avec elles. Si donc les expériences, dont j'ai parlé dans ma dissertation, ne m'ont fourni aucun motif raisonnable pour admettre la force végétative imaginée par notre Auteur, ces nouvelles expériences me présentent des raisons très fortes pour la rejeter comme chimérique et contradictoire. Outre cela, comme je ne pus dissimuler alors le penchant qui me faisait trouver les principes des animalcules dans des germes particuliers, car l'expérience me conduisait alors à cette idée, je ne crains pas de dire à présent que ce penchant s'est changé en conviction, puisque

(1) Chap. I.
(2) Livre cité, p. 217.

si la naissance des animalcules dans les vases clos et soumis à l'action du feu n'est pas produite par une force végétatrice qui fait passer les substances infusées de l'état du végétal à celui d'animal, comme le voudrait M. de Needham, je ne verrais pas qu'il fût possible d'attribuer la naissance des animalcules à d'autres choses qu'à de petits œufs, ou à des semences, ou à des corpuscules préorganisés, que je veux appeler et que j'appellerai du nom générique de *Germes*. Au reste je prouverai dans la suite de cet ouvrage, par des faits nombreux et incontestables, que c'est là véritablement l'origine de ces animalcules.

Il est vrai que cette opinion fait naître une objection que mon impartialité ne me permet pas de dissimuler; si l'on parle des germes qui se développent pour produire les germes de ces animalcules du dernier ordre, il faudra dire que ces animalcules ont résisté à l'ardeur de l'eau bouillante pendant trois quarts d'heure, à moins qu'on ne préfère d'imaginer qu'après le refroidissement du vase, les animalcules qu'on y a observés ont passé de l'air extérieur dans les infusions faites dans les vaisseaux clos et qu'ils s'y sont insinués par les pores du verre, ce qui forme deux suppositions également impossibles ou du moins très difficiles à concevoir. Cette objection me paraît plutôt un doute et une difficulté qu'une véritable objection; lorsqu'on la pèse bien, elle se réduit à ceci : peut-il y avoir des germes d'animaux dont la subtilité fût assez grande pour qu'ils passassent au travers du verre, ou dont la nature fût telle que leur vie pût se conserver quoiqu'ils fussent exposés à l'action de la chaleur de l'eau bouillante? Je ne trouve pas la première hypothèse absolument contradictoire. Comme il y a des animaux dont on n'aurait jamais cru l'existence à cause de leur petitesse, si le microscope ne les avait pas mis sous nos yeux, de même il peut y avoir des germes incomparablement plus petits, qui trouvent un libre passage au travers des pores des corps; cependant, les raisons suivantes m'empêchent d'admettre cette hypothèse. Premièrement, parce que la grandeur des germes est proportionnelle à celle des animalcules, comme j'ai pu l'apercevoir dans plusieurs espèces [1]; d'ailleurs ces animalcules, considérés en eux-mêmes, ont une masse sensible, leurs germes doivent donc avoir aussi quelque grandeur, et elle doit être telle qu'elle leur ôtera au moins l'entrée des pores du verre; ceci est d'autant plus vraisemblable que d'autres corpuscules plus subtils ne sauraient pénétrer le verre, telles sont les particules de l'air, de l'eau et des odeurs les plus fines et les plus subtiles [2]. Secondement, ces animalcules ne naissent pas seulement dans des vases de verre, mais encore dans de vases de métal, scellés avec du métal, et tenus pendant plus d'une demi-heure dans l'eau bouillante, comme je l'ai expérimenté deux fois: dans ce cas les poses sont plus étroits, mais au moins ils sont plus tortueux, leur position est plus irrégulière, ce qui ne permettait pas de croire que les germes eussent traversé les parois du métal. Enfin, si cette hypothèse était vraie, les animalcules du dernier ordre

(1) Partie II, chap. XI.
(2) Academia del Cimento.

devraient naître également dans les vases plongés dans l'eau bouillante pendant un temps court ou long, puisque dans l'un et l'autre cas, le passage des germes au travers de la substance des vases serait également facile; mais on sait, au contraire, qu'il n'en naît pas un seul dans ces vases après une ébullition de trois quarts d'heure.

Nous sommes donc portés à croire que ces animalcules tirent leur origine des germes qui y sont renfermés, qui résistent pendant un certain temps à la violence du feu, mais qui à la fin y succombent; et comme les animalcules des ordres supérieurs naissent seulement lorsque la chaleur a été beaucoup plus faible, il faut croire que les germes des animalcules d'ordres supérieurs en sont affectés beaucoup plus tôt que ceux des animalcules du dernier ordre; d'où il faudra conclure que cette foule d'animalcules des ordres supérieurs qui se manifestent dans les infusions faites dans des vases ouverts, non seulement exposées à l'action de l'eau bouillante, mais encore à toute l'activité de la flamme d'un réverbère [1], il faudra, dis-je, conclure que cette foule d'animalcules des ordres supérieurs y paraît alors, non parce que leurs germes ont résisté à une si grande chaleur, mais parce que de nouveaux germes se sont joints aux infusions après la cessation du feu.

Pourrait-on avoir quelque preuve suffisante pour proscrire, ou du moins pour diminuer la répugnance naturelle qu'on a pour admettre que les germes des animalcules du dernier ordre ont le pouvoir de résister à l'action de l'eau bouillante? En raisonnant

(1) Chap. II.

sur les germes ou sur les œufs des animaux que nous connaissons, nous coûterait-il beaucoup d'imaginer quelques animalcules de cette trempe? Il est vrai que nous ne connaissons aucune espèce d'œufs qui ressemble à ceux-ci. Je me suis occupé déjà de cette matière dans le chapitre IX de ma Dissertation; j'y fais voir comment plusieurs espèces d'œufs d'insectes, sans parler des œufs des oiseaux, périssent dans une chaleur moindre que celle de l'eau bouillante. J'ai montré encore que les semences des plantes se détruisent lorsqu'on les expose à la chaleur de l'eau bouillante, et que celles dont l'écorce est la plus dure n'y sont pas même épargnées. Il est vrai que je ne pouvais faire mes expériences sur un plus grand nombre d'espèces de graines et d'œufs, mais on pouvait en trouver encore qui résistassent à cette épreuve; je n'avais pas perdu cette espérance relativement aux graines; j'avais lu dans un ouvrage de M. du Hamel que ce naturaliste avait réussi à faire germer du froment, qui avait souffert dans une étuve une chaleur de 10° plus forte que celle de l'eau bouillante, c'est-à-dire celle qui est indiquée par le 90° degré; il est bien croyable que ce grain n'était pas le seul. Les œufs ont beaucoup d'analogie avec les graines; je m'amusai donc de l'idée qu'il pourrait arriver la même chose à quelques œufs, ce qui m'encouragea à tenter de nouvelles expériences sur les œufs et sur les graines; j'y étais encore invité d'une manière plus pressante par le phénomène singulier des animalcules du dernier ordre nés dans les infusions bouillies; d'ailleurs, quand les œufs et les graines ne résistent pas à l'action de l'eau bouillante, il était au moins utile de fixer les degrés de chaleur que les uns et les autres pourraient supporter, en les faisant passer par divers degrés de chaleur, jusqu'à ce qu'ils arrivassent à celui qui leur serait fatal.

En faisant ces expériences, je ne devais pas négliger d'observer si les animaux et les plantes résisteraient moins à l'action du feu que leurs œufs et leurs graines, comme les animalcules du dernier ordre qui ne sauraient soutenir une chaleur qui serait à beaucoup près semblable à celle que leurs germes supportent impunément, puisqu'ils périssent au 34° de chaleur. Il serait encore utile de savoir la proportion qu'on observe dans cette différence. Ces connaissances pouvaient répandre un très grand jour sur mes recherches; je travaillai donc à les acquérir par des expériences qui, seront la matière du chapitre suivant.

CHAPITRE IV

I. Les œufs et les animaux, les graines et leurs plantes sont soumis à divers degrés de chaleur. — II. A quel degré de chaleur les œufs et les graines perdent la faculté d'éclore. — III. A quel degré de chaleur les animaux et les plantes périssent. — IV. Différences remarquables dans les résultats. — V. Conjectures sur ces différences. — VI. Raisonnement fondé sur un fait pour établir que les germes des animalcules peuvent facilement résister à l'action de l'eau bouillante. — VII. Il est bien important de faire de nouvelles expériences sur les animalcules.

Je fis pêcher dans le mois de mai des œufs de grenouilles, que leurs mères venaient de confier aux eaux des fossés depuis un petit nombre d'heures; j'en divisai la somme en portions égales, et je fis éprouver à chacune d'elles un différent degré de chaleur. Voici le procédé que je suivis dans ces expériences : je plongeai entièrement ces œufs dans l'eau d'un vase, où j'avais placé la boule d'un thermomètre à la même hauteur; je mis ensuite le vase sur un feu qui agissait lentement, et quand le thermomètre était monté au degré que je souhaitais, j'ôtais alors les œufs de ce vase échauffé et je plaçais chacune des portions qui avait été en expérience dans un vase séparé rempli d'eau, dont la chaleur était naturelle; j'avais dix vases, parce que j'avais dix portions d'œufs, ils éprouvèrent divers degrés de chaleur, c'est-à-dire le 35, 40, 45, 50, 55, 60, 65, 70, 75, 80°.

Les œufs qui avaient éprouvé la chaleur indiquée par les degrés 35, 40, 45, produisirent des petits, mais il y eut cette différence, c'est que ceux qui avaient éprouvé le 35° de chaleur furent presque tous féconds; il y en eut moins parmi ceux qui avaient souffert le 40°, et un nombre extrêmement petit parmi ceux qui avaient éprouvé le 45°. Les œufs qui sentirent la chaleur marquée par les autres degrés se corrompirent tous.

La chaleur du feu n'accéléra ni ne retarda le développement des œufs que je vis éclore. Les tétards qui sortirent des œufs soumis à l'action du feu furent éclos dans le même temps que ceux qui ne l'avaient pas éprouvée : pour en faire la comparaison, j'avais mis quelques œufs en réserve.

Ayant vu quel était le degré de chaleur que les œufs de grenouille pouvaient supporter, sans nuire à l'embryon qu'ils renfermaient, je devais chercher ce qui arriverait aux animaux nés de ces œufs, en les faisant repasser par les mêmes épreuves, mais ils eurent moins de force pour résister à l'action du feu, ils périrent tous au 35°.

Après avoir fait ces expériences sur les tétards ou les petites grenouilles, je les répétai sur les grenouilles adultes; et quoique j'en eusse de plusieurs races, je préférai celles qui m'avaient fourni les œufs dont je m'étais déjà servi. Ces grenouilles étaient vertes sur le dos, leur taille était plutôt petite que grande; elles avaient coutume d'habiter les fossés des champs et des prés. En les mettant sur le feu, je leur avais conservé la plus grande liberté; elles pouvaient nager à leur gré dans le vase où je les avais mises, venir à la surface, y respirer; je les empêchai seulement d'en sortir avec un couvercle, mais elles périrent toutes quand le degré de chaleur fut parvenu environ au 35°.

Je sais qu'il y a des grenouilles qui habitent des bains chauds; qu'on en a observées qui y vivent, quoique l'eau ait un degré de chaleur plus grand que le 35° du thermomètre de Réaumur. Par exemple, mon ami M. Cocchi raconte que les grenouilles ne souffrent point dans les bains de Pise, quoiqu'elles soient exposées à une chaleur indiqué par le 111° du thermomètre de Fahrenheit, qui correspond au 37° du thermomètre de Réaumur, mais ces grenouilles sont peut-être d'une espèce différente; peut-être aussi qu'étant accoutumées depuis longtemps à cette chaleur qui les aurait fait périr d'abord, elles n'en ressentent plus aucun mauvais effet. On a observé du moins que des hommes, qui peuvent à peine soutenir la première fois des bains de vapeur pendant six minutes, et qui sont couverts de sueur aussitôt qu'ils y entrent, parviennent au bout d'un certain temps à les supporter pendant quinze minutes sans aucune incommodité sensible. Pendant que je faisais ces expériences sur ces animaux, j'aurais souhaité les faire encore dans le même temps sur leurs œufs, mais il ne me fut pas toujours également possible de m'en procurer; car ayant eu une fois des nymphes, des vers de cousins, des puces aquatiques, des vers *à queue de souris* [1] et autres semblables insectes, je ne pus jamais parvenir à trouver les

(1) Réaumur appelle ainsi certains vers blancs aquatiques, parce que leur queue ressemble à celle d'une souris.

œufs d'où ils sortent; mais, malgré cela, il ne me parut pas inutile de faire mes expériences sur les animaux eux-mêmes. Voici leurs résultats : la chaleur indiquée par le 35° du thermomètre de Réaumur ôta la vie aux nymphes et aux vers de cousin, la chaleur qui est marquée par le 33° fut mortelle pour les vers à queue de souris et les puces aquatiques.

Les salamandres aquatiques et les sangsues périrent, lorsque le thermomètre monta au 35°; les anguilles du vinaigre cessèrent de vivre, lorsque la chaleur fit élever le thermomètre jusqu'au 36°.

Je fus plus heureux dans les expériences que je fis sur les vers à soie, les chenilles des papillons de l'orme et les vers des grosses mouches, puisque je pus les faire sur les animaux et sur leurs œufs : les animaux furent sans inquiétude jusqu'à ce que le thermomètre fut monté au 27°, mais lorsqu'il fut monté jusqu'au 28°, et surtout au 29°, ces vers s'agitèrent beaucoup; quand la chaleur fut indiquée par le 30°, ils cessèrent de se mouvoir et ils furent tous tués dès qu'elle fit monter le thermomètre au 34°.

Les œufs de ces vers résistèrent plus longtemps à l'impression du feu; ceux qui éprouvèrent la chaleur désignée par le 25° fournirent la plus grande abondance possible de vers; les œufs qui souffrirent le 30° de chaleur donnèrent encore beaucoup d'insectes, mais leur nombre ne fut pas si grand que dans les précédents, et ce nombre d'œufs féconds diminua toujours à mesure qu'ils éprouvèrent un degré de chaleur plus fort; enfin il ne naquit aucun insecte parmi ceux qui furent exposés au 50°.

Les œufs et les chenilles du papillon de l'orme eurent précisément le même sort que ceux du ver à soie, ils périrent dans le même temps, il serait inutile d'en parler; aussi je vais rapporter les résultats que les vers et les œufs des grosses mouches m'ont fournis : il s'agit des mouches qui logent leurs œufs sur la viande gâtée, ou qui commence à se gâter. Leurs œufs furent très féconds, quoiqu'ils eussent été exposés au 41° de chaleur; ceux qui souffrirent le 46° et le 47° ne produisirent qu'un très petit nombre de vers, et on n'en vit éclore aucun de ceux qui avaient éprouvé le 48°.

Les vers éclos de ces œufs furent mis ensuite à la même épreuve, mais ils commencèrent à s'agiter et à chercher les moyens de fuir quand ils sentirent la chaleur indiquée par le 25°; leur inquiétude s'accrut dans les degrés suivants de chaleur, et ils étaient tous morts au 34°.

Je répétai cette expérience sur des vers adultes de la même espèce, mais tous perdirent la vie au 34°.

Enfin je voulus savoir ce qui arriverait aux vers eux-mêmes passés à l'état de nymphes et à leurs mouches. Ces dernières supportèrent la chaleur avec le plus de peine, elles périrent au 30°. Il y eut cependant des mouches qui sortirent des nymphes exposées à une chaleur désignée par le 32° et le 33°, mais il n'en sortit aucune des nymphes qui avaient éprouvé le 35°. Je vis en les ouvrant que la chaleur les avait entièrement desséchées. Ce que je viens de dire regarde les animaux ou leurs œufs que j'ai exposés à une intensité de chaleur plus ou moins forte. Il me reste à faire l'histoire des expériences semblables que j'ai tentées sur les plantes et sur leurs graines.

Les graines étaient le pois chiche, la lentille, l'épautre, la graine de lin et celle du trèfle; je fis éprouver à chacune d'elles divers degrés de chaleur, comme dans les expériences précédentes, et ces degrés furent le 60, 65, 70, 75, 80; je semai ensuite chacune de ces graines séparément dans de petites places de terre distinctes, et préparées de façon que chaque petite place contînt un nombre égal de graines, afin que les choses fussent parfaitement semblables à tous égards. Le 60° de chaleur ne porta aucun préjudice à la germination des graines, le 65° commença à lui nuire; il n'y eut qu'une très petite quantité de celles qui l'avaient éprouvé qui furent fécondes. Les graines exposées à la chaleur indiquée par le 70° ne produisirent que onze plantes de trèfle, et seulement dix après avoir supporté le 75° de chaleur. Parmi les graines qui ressentirent l'effet de la chaleur poussée jusqu'au 80°, il n'en germa que trois. Il n'y eut donc que les graines de trèfle, au moins quelques-unes d'elles, qui résistèrent à la chaleur de l'eau bouillante. Les cinq espèces de graines dont j'ai parlé avaient été exposées au feu étant à sec dans du sable. Dans une seconde expérience, je les mis dans l'eau que je réchauffai lentement, jusqu'à ce qu'elle eût acquis le degré de chaleur que je voulais lui donner, comme je l'avais pratiqué dans mes expériences précédentes sur les œufs et sur les graines. Le feu agit par ce moyen sur la graine avec plus de force. Les pois qui supportèrent ainsi le 60° de chaleur germèrent avec abondance, de même que le trèfle, mais le lin, les lentilles et l'épautre ne produisirent pas un si grand nombre de plantes. Ces graines exposées au 70° produisirent seulement sept tiges de trèfle et une de lin; après avoir supporté le 75°, je vis seulement paraître 6 tiges de trèfle, mais lorsqu'elles eurent éprouvé le 80°, je n'aperçus plus rien.

Ayant ainsi satisfait ma curiosité sur ces graines, il était naturel de la satisfaire sur les plantes qu'elles produisent; je fis donc éprouver à ces plantes, germées depuis treize jours, la chaleur désignée par les degrés 60, 65, 70, 75, 80 et ils l'éprouvèrent seulement par les racines plongées dans l'eau que je faisais échauffer lentement. Quoique je les eusse replantées tout de suite dans une terre bien humide, elles séchèrent toutes.

Je vis alors que le 60° de chaleur était trop fort pour ces plantes nouvellement nées, mais voulant savoir le degré de chaleur auquel elles pouvaient résister, j'en diminuai l'activité en faisant mes expériences par le moyen du 55° et 50° de chaleur; cette chaleur ne leur fut pas nuisible, car ayant été replantées, elles continuèrent à végéter.

J'avais déjà soumis d'autres graines à l'action du feu, mais je n'avais pas imaginé de la faire éprouver à leurs plantes. Ces graines étaient celles de fève, d'orge, d'haricots blancs et noirs, de maïs, de vesce, de persil, d'épinards, de bettes, de raves, de mauves; je les avais fait échauffer dans du sable, en employant la méthode que j'ai décrite plus haut.

Le résultat de ces expériences fut celui-ci : toutes les graines qui avaient souffert le 60° de chaleur germèrent, mais quelques-unes de celles qui éprouvèrent le 65° commencèrent à périr ; au 70 et 75° il ne s'en développa qu'un très petit nombre, et au 80° il ne parut qu'une plante d'haricot blanc et trois de fèves. Je répétai l'expérience sur ces onze graines différentes en les faisant échauffer jusqu'au 75° et 80°, mais alors il n'en germa plus aucune.

Comme mes premières expériences sur les graines m'avaient appris que celles du trèfle avaient résisté plus que les autres à l'action du feu, j'imaginai que la petitesse de la graine était peut-être la cause de cet effet, puisque cette graine était la plus petite de toutes celles que j'avais mises en expérience. Il aurait donc fallu faire une suite d'expériences sur un nombre donné de graines, dont la grosseur diminuerait graduellement, et voir si elles résisteraient véritablement à l'action du feu en raison de leur petitesse ; mais les haricots et les fèves ayant résisté aussi bien à l'action du feu que la graine de trèfle, quoique les grains des premiers soient incomparablement plus gros que ceux du trèfle, je perdis de vue cette idée et je m'épargnai cette peine inutile.

Il est à propos de parler ici des graines dont j'ai fait mention dans le chapitre III. Ces graines avaient été exposées avec de l'eau à l'action du feu dans des vases scellés hermétiquement ; elles composaient plusieurs infusions que je soumettais pendant un temps donné à la chaleur de l'eau qui bouillait. Je tins donc les vases plongés pendant deux minutes dans l'eau bouillante ; les graines qui y étaient renfermées germèrent également, mais leur germination cessa dès qu'elles furent plus longtemps exposées à cette chaleur. Il arriva la même chose aux graines placées dans les vaisseaux ouverts, avec cette seule différence que ces dernières graines végétèrent, après avoir souffert seulement le bouillon de l'eau pendant deux minutes, tandis que dans les graines placées dans les vaisseaux clos la végétation ne fut arrêtée qu'un peu après ce temps-là.

Ces expériences paraissent d'abord opposées aux premières, qui m'avaient appris que les graines perdaient leur faculté de végéter, lorsqu'on leur faisait éprouver le 80° de chaleur ou le degré de l'eau bouillante, après les avoir mises dans l'eau; mais la contradiction n'est qu'apparente, elle disparaît si l'on fait attention à la différence des méthodes qu'on a suivies en faisant ces expériences. Dans les précédentes expériences, je faisais échauffer l'eau jusqu'à ce qu'elle eût commencé de bouillir; mais l'eau des vases, soit fermés, soit ouverts, qui renfermaient ces infusions de graines, ne donnait pas le moindre signe d'ébullition pendant les deux minutes que les vases qui la contenaient étaient plongés dans l'eau bouillante; il aurait alors fallu au moins encore quatre ou cinq minutes, afin qu'elle commençât de bouillir. Il n'est donc pas surprenant que ces graines aient germé, tandis que les autres ne germèrent pas. Les premières avaient souffert une chaleur moindre que les secondes.

Telles sont les expériences que j'ai faites sur les animaux et leurs œufs, sur les plantes et leurs graines; quoiqu'elles ne soient pas extrêmement nombreuses, elles paraissent suffisantes pour nous faire connaître quelques lois de la nature qui pouvaient recevoir quelque éclaircissement en traitant ce sujet.

Il résulte premièrement de ces expériences que les œufs des animaux sur lesquels j'ai fait mes épreuves, résistent plus à l'action du feu que les animaux eux-mêmes; les têtards et les grenouilles périssent au 35° de chaleur, leurs œufs sont détruits seulement au 45°, il y en a même qui peuvent supporter une chaleur plus forte. Les vers à soie et les chenilles du papillon de l'orme meurent au 34°; les œufs de ces deux espèces deviennent seulement stériles après avoir souffert une chaleur plus forte que celle qui est marquée par le 45°; les grosses mouches périssent par une chaleur de 30°; les nymphes, lorsqu'elles éprouvent une chaleur de 35°; leurs vers, lorsque la chaleur est de 34°, et leurs œufs sont perdus lorsqu'ils sont exposés à une chaleur de 48°.

On remarque en second lieu qu'il y a presque le même rapport à cet égard entre les plantes et leurs graines, qu'entre les animaux et leurs œufs; il y a des graines, comme celles du trèfle, des fèves, des haricots, qui sont fécondes, quoiqu'elles aient souffert le 80° ou la chaleur de l'eau bouillante, tandis que leurs plantes ne peuvent pas supporter le 60°.

On observe en troisième lieu que les graines des plantes sont plus propres à braver la violence du feu que les œufs des animaux. Toutes les graines sur lesquelles j'ai fait des expériences en les faisant chauffer à sec ont été fécondes, quoiqu'elles aient toutes souffert le 60° de chaleur, et quelques-unes même le 80°; mais aucun œuf d'animal n'a pu éclore après avoir été exposé au 50°.

Enfin, on remarque que le feu est plus nuisible lorsqu'il agit conjointement avec l'eau que lorsqu'il agit par lui-même : il n'y eut aucune des graines exposées dans l'eau qui parvînt à germer.

Je suis sans doute bien éloigné de prétendre expliquer ces résultats, je sens la difficulté de l'entreprise, de sorte que je hasarderai tout au plus quelques conjectures, en les donnant pour ce qu'elles valent, et en laissant à chacun la liberté de penser ce qu'il voudra.

Si l'on s'arrête à la première apparence, il ne paraît pas difficile de comprendre, pourquoi les plantes et les animaux résistent mieux à l'ardeur du feu que les œufs et les graines ? Les plantes et les animaux souf.^{ft} ent immédiatement les impressions du feu, ce qui ne leur arrive pas lorsqu'ils sont renfermés dans l'œuf ou dans la graine. Cependant, si la différence qu'il y a dans le degré de chaleur qui tue les animaux contenus dans l'œuf et ceux qui sont éclos (ceci doit s'entendre de même des plantes germées et à germer), si cette différence était seulement d'un petit nombre de degrés, cette raison pourrait être bonne; mais comme cette différence surpasse dix degrés, comme elle est quelquefois de 14° et davantage, on ne saurait douter de son insuffisance, car alors il faudrait dire que les enveloppes des œufs, qui sont des surfaces infiniment minces dans les œufs des insectes, sont cependant suffisantes pour les garantir de l'effet d'une chaleur marquée par 10° et quelquefois par 14° et même davantage, ce qui paraît tout à fait peu vraisemblable, quand on pense à la facilité et à la rapidité du feu pour pénétrer une portion de matière si mince.

La petitesse du germe dans l'œuf n'est pas une raison suffisante pour le rendre moins sensible aux impressions de la chaleur, car, quelque petit que soit le germe, les particules du feu sont incomparablement plus petites, de sorte qu'elles pourraient toujours l'envelopper et le pénétrer de tous côtés et dans tous les points de sa surface, comme lorsqu'il s'est développé; cette prétendue raison est amplement réfutée dans le chapitre IX de ma Dissertation.

Pour parvenir à comprendre comment l'animal dans l'œuf peut supporter, sans mourir, une chaleur plus forte que lorsqu'il en est sorti par sa naissance, il faudrait d'abord avoir une idée assez distincte de ce qui constitue sa vie avant que de naître, et de ce qui la constitue quand il est né; mais si ce qui constitue la vie des animaux nés est si peu connue, malgré tous les efforts de la physiologie moderne, la vie des animaux concentrés et cachés dans les enveloppes d'un œuf est encore bien plus obscure. Tout ce qu'on peut conclure de certain, c'est que la vie des animaux dans l'œuf est très faible, relativement à celle des animaux déjà nés; dans les premières heures de l'incubation, le battement du cœur est le seul indice de la vie du poussin. Avant que l'œuf soit couvé, la vie du poussin est bien plus faible encore, sa vie est moins vive, c'est sans doute celle des germes dans les œufs des insectes qui n'ont pas éprouvé la chaleur nécessaire pour éclore. Cette vie si petite et si faible de l'embryon dans l'œuf, serait-elle une raison pour laquelle il pourrait mieux supporter l'action du feu dans cet état que lorsqu'il est plus développé? Ce qu'il y a de certain, c'est que les petits animaux qui ont dans cet état une vie si délicate, une vie qui mérite si peu le nom de vie, résistent cependant beaucoup mieux alors aux événements extérieurs, aux intempéries de l'air, que quand ils sont plus vivaces. Si l'on coupe la tête ou le cœur, si l'on ôte quelque membre à une grenouille, à un crapaud, à une salamandre, à une couleuvre, à une vipère pendant l'hiver, lorsque ces animaux étant engourdis par le froid semblent plus morts que vifs, ces animaux vivent alors plus longtemps après ces opérations que si on les leur faisait subir quand ils sont pleins de vie. Je me suis assuré plusieurs fois de cette vérité, non seulement par le moyen des animaux dont je viens de parler, mais j'ai observé encore que les insectes plongés dans l'eau pendant l'hiver y meurent plus difficilement que lorsqu'on les y plonge pendant l'été.

Il n'est pas douteux que la vie des plantes ne soit aussi plus faible, lorsqu'elles sont enfermées dans leurs graines que lorsqu'elles ont vu le jour; la faiblesse de leur vie ne serait-elle pas alors, comme dans les germes des animaux, une cause de leur moindre sensibilité à l'action du feu? On peut dire que dans l'hiver les plantes vivent moins que dans les autres saisons, cependant elles sont dans ce temps-là même beaucoup moins sujettes à périr, lorsqu'on les arrache ou qu'on les taille beaucoup, que lorsqu'on les traite de cette manière pendant l'été.

La raison pour laquelle les graines résistent mieux que les œufs à l'action du feu, n'est pas tirée de ce que les graines ont une dureté plus grande que celle des œufs. On trouve des graines dont la substance n'est pas plus dure qu'une coquille d'œuf, et qui résistent cependant à l'action de l'eau bouillante, comme la graine du trèfle. Cela vient donc plutôt de ce que les humeurs qui sont dans l'œuf sont plus abondantes que celles qui sont dans les graines, et de ce que les premières donnent ainsi plus de prise au feu pour détruire le germe dans l'œuf. L'expérience démontre au moins que les œufs, et par conséquent leurs germes, ont une plus grande quantité de fluide que les graines et leurs embryons. Il me paraît que cet excès de fluide dans l'œuf doit causer la mort du germe, parce que ces liqueurs abondantes étant exaltées et mises en mouvement par le feu, elles doivent se choquer avec violence contre les filets subtils du germe et en occasionner ainsi la rupture et la destruction. Nous l'avons vu dans ces graines devenues stériles, après avoir souffert dans l'eau une chaleur moindre que celle qu'elles avaient soufferte impunément à sec et sans perdre leur fécondité. Par la même raison, un morceau de glace se fond plus vite dans l'eau tiède que dans l'air qui aurait le même degré de chaleur. Mais je laisse ces recherches difficiles, qui appartiennent moins à mon sujet, pour comparer les résultats de mes expériences sur les œufs et les graines avec les résultats de mes expériences sur les animalcules.

Si l'on voulait estimer le degré de chaleur que les germes des animalcules du dernier ordre peuvent soutenir, par le degré que les œufs en supportent, certainement on ne pourrait croire que ces germes résistent à l'action de l'eau bouillante, tandis que les œufs, sur lesquels on a fait des expériences, sont bien éloignés d'avoir pu le supporter. Mais, si au lieu de comparer ces germes à des œufs, on les compare aux graines des plantes, cette répugnance sera bien diminuée, puisqu'on a vu le blé de M. Duhamel et d'autres graines, comme le trèfle, les fèves et les haricots résister à une chaleur aussi forte; mais pour suivre l'analogie, on est plus porté à comparer ces germes à des œufs qu'à des graines; il y a cependant des œufs qu'on peut très bien comparer aux graines; il y en a qui se sèchent, se conservent après avoir été séchés, et qui éclosent comme les graines quand on les a mis dans quelque chose d'humide. Tels sont les œufs de certains polypes à panaches, découverts par M. Trembley [1]. Pourquoi donc les germes des animalcules du dernier ordre ne pourraient-ils pas être de cette espèce? La possibilité se change en probabilité, et la probabilité augmente encore par la découverte que j'ai faite de la ressemblance qu'il y a entre les qualités des graines et celles des petits œufs des polypes, que M. Trembley a observé le premier [2], et les qualités des germes ou des petits œufs des animalcules des infusions.

Mais si l'exemple des graines qui résistent à l'action de l'eau bouillante porte à croire que les

<hr>

(1) Bonnet, *Corps organisés*, t. II.
(2) Partie II, chap. XI.

germes des animalcules ont la même faculté, cette idée se fortifie encore par de nouvelles preuves qui sont tout à fait directes, puisqu'elles sont tirées des animaux eux-mêmes et de leurs œufs. M. Duhamel a observé que le charançon ne périssait point par l'action d'une chaleur semblable à celle de l'eau bouillante. M. Schœffer a vu une espèce de chenilles résister à cette chaleur : l'exactitude et la célébrité de ces deux naturalistes ne laissent aucun doute sur la vérité de leurs récits.

Si l'on compare encore les animaux qui vivent dans nos climats tempérés avec ceux qui vivent dans les pays les plus chauds, en suivant pour cela les récits les plus accrédités et les plus sûrs, on trouvera que, malgré la chaleur des derniers, les animaux y multiplient et y sont très nombreux. *Apamée, le Cap de Bonne-Espérance* sont remplis d'animaux de toutes les formes et de toutes les grandeurs [1], quoique dans ces deux endroits la chaleur fasse monter à l'ombre le thermomètre de Réaumur jusqu'à 35°. On observe la même quantité d'animaux à la *Caroline*, où la chaleur fait monter le thermomètre à l'ombre au delà de 40°. De sorte que, comme il est démontré que la chaleur immédiate du soleil est double de la chaleur qu'il fait éprouver à l'ombre, et même quelquefois triples dans les régions les plus chaudes, il arrivera que la chaleur d'*Apamée* et du *Cap de Bonne-Espérance* sera pour le moins de 70° et à la *Caroline* de 80° ; si donc les animaux qui éprouvent plus ou moins cette chaleur vivent à la *Caroline*, quoiqu'elle surpasse celle de

---

(1) Haller, *Physiol.*, t. II.

l'eau bouillante ; si les œufs y conservent leur fécondité ; s'il y a, outre cela, dans nos climats des animaux qui résistent à cette action de la chaleur, pourquoi refuserait-on d'admettre que ces animalcules soient de la même trempe qu'eux ?

Pour confirmer ceci, je rapporterai une observation que M. Sonnerat, correspondant de l'Académie des Sciences de Paris, a faite sur la chaleur de certaines eaux des îles de *Luçon*, une des Philippines : elles étaient si chaudes qu'il ne pouvait y tenir la main ; le thermomètre qu'il y plongea monta jusqu'au 69°, et malgré cette chaleur il y vit nager des poissons [1].

La sincérité philosophique m'oblige à penser sur les germes de quelques espèces d'animalcules d'une manière contraire aux idées que j'ai publiées dans ma Dissertation : je disais alors que je ne croyais pas possible que les germes en général de ces animalcules pussent résister à l'action de l'eau bouillante ; j'avais auguré cette impossibilité, parce que j'avais vu périr des graines et des œufs par ce degré de chaleur, mais les faits que je viens de raconter, et que je ne connaissais pas, me forcent à changer d'opinion.

Quoique les germes, dont nous avons si souvent parlé, ne se détruisent point dans l'eau bouillante lorsqu'ils en ont éprouvé l'action pendant quelque temps, cependant les animalcules éclos périssent à un degré de chaleur beaucoup plus petit, c'est-à-dire au 34°. Nous avons observé cette différence dans notre chapitre III avec une très grande surprise.

(1) *Observation sur la Physique*, par M. Rosier, t. III.

Mais cette surprise cesse, quand on a sous les yeux
l'exemple des plantes et des animaux qui résistent
beaucoup moins à la chaleur que les graines et les
œufs. Cette règle souffre cependant une exception
pour les germes des animalcules qui sont d'un ordre
supérieur ; ces germes résistent moins à la chaleur
que les animalcules eux-mêmes. Les animalcules
périssent au 34° et leurs germes ne se développent
plus au 28°. Il faut donc en conclure que les germes
des animalcules des ordres supérieurs, et ceux de
l'ordre tout à fait inférieur, sont d'une nature très
différente, relativement au moins à leur faculté de
résister à la violence du feu, ce qui a les plus grands
rapports avec les expériences que j'ai déjà faites
sur les graines et sur les œufs. Les pois, les lentilles,
l'épautre, la graine de lin deviennent stériles pour
la plus grande partie au 70° de chaleur, celle de
trèfle produit encore au 80°, et le blé de M. Duhamel
au 90°. Quoique la différence ne soit pas si sensible
dans les œufs des animaux dont j'ai parlé, on en
aperçoit cependant une bien marquée dans les
animaux d'un autre genre. Les œufs que quelques
papillons placent sur la partie inférieure des feuilles
des arbres, comme ceux que quelques insectes
déposent dans les endroits situés au nord, périssent
au 21° de chaleur, quoiqu'il faille encore 9° de
chaleur pour développer les œufs d'autres insectes :
tels sont, par exemple, les œufs du genre des
mouches asyles, qui les placent dans le cuir dur des
bœufs et des vaches, ou ceux de ces mouches qui les
insinuent dans les sinus frontaux des moutons, des
chèvres, des daims, ou bien encore de celles qui les

logent dans le rectum du cheval [1]. On peut dire la
même chose des œufs de plusieurs vers qui se
multiplient dans le corps humain et dans celui des
veaux, où la chaleur est environ de 30°.

Si donc les germes des animalcules ont tant de
rapports avec les œufs des autres animaux, relativement à l'impression que les divers degrés de
chaleur peuvent faire sur eux, et à l'influence qu'ils
ont sur la durée de leur vie, les animalcules eux-
mêmes ont encore à cet égard de plus grands
rapports avec les autres animaux, puisqu'on observe
que les uns et les autres cessent de vivre, ou à un
même degré de chaleur, ou du moins à des degrés
qui ne sont pas éloignés les uns des autres.

Quoique tous ces rapports entre les germes et les
œufs, et entre les animalcules et les autres animaux
nous prouvent toujours mieux l'uniformité des lois
ordinaires et connues de la Nature, sans qu'il soit
nécessaire de recourir à des forces imaginaires, on
a cependant besoin d'autres lumières pour se former
des notions plus étendues, plus précises, plus particulières sur une classe d'êtres vivants que leur
prodigieuse petitesse tient à une si grande distance
de nous, mais qui irritent si fort notre curiosité,
soit par les fameux systèmes sur la génération qu'ils
ont produits, soit par le mystère de leur reproduction, soit par différentes qualités particulières
qui les lient aux autres animaux. « Ici commence
» un autre Univers, dont nos Colombs et nos
» Vespuces n'ont entrevu que les bords, et dont ils
» nous font des descriptions qui ne ressemblent pas

(1) Vallisnieri.

» mal à celles que les premiers voyageurs publièrent » de l'Amérique »[1]. J'ai essayé de faire de petits voyages dans cet Univers après M. de Needham[2]; j'ai tâché de pénétrer dans ces continents pour observer les êtres qui les habitent et j'ai voulu les faire connaître aux naturalistes. Mais ayant entrepris ensuite de nouveaux voyages, et ayant étudié le pays avec plus de loisir et de soin, je me suis aperçu que mes premières relations étaient trop superficielles, et que je pouvais considérablement les augmenter. C'est ce que j'ai déjà montré au lecteur dans les chapitres précédents, et ce que j'ai à lui prouver encore dans ceux qui doivent suivre.

Mon attention dans mes recherches devait surtout se fixer sur la nature des habitants de ce monde microscopique. On parvient à connaître un objet par ses propriétés, c'est-à-dire par ses rapports avec les autres êtres. Plus le nombre de ces rapports sera grand, plus il offrira de voies de comparaison avec les autres êtres, plus on fera de comparaison entre eux, plus aussi on aura de moyens pour étendre les connaissances qu'on peut en avoir. Mon principal but dans ces nouvelles recherches devait donc être d'établir le plus grand nombre possible de ces rapports entre les animalcules et les animaux déjà connus. Aussi, la première chose que j'ai faite a été de soumettre les uns et les autres à l'action du feu. Je continuerai à parler des autres comparaisons que j'ai faites, en décrivant l'impression du froid sur tous ces êtres, à qui j'ai fait éprouver celle de la chaleur.

(1) *Corps organisés.*
(2) Ma Dissertation citée.

CHAPITRE V

I. Les animalcules des infusions et leurs germes sont soumis à divers degrés de froid. — II. Différences considérables observées dans les degrés de froid qui ôtent la vie aux différentes espèces des animalcules. — III. Espèces singulières qui naissent et se multiplient, malgré le froid de la glace qu'on leur fait éprouver. — IV. Accidents qui arrivent aux animalcules, pendant que les infusions où ils se trouvent se gèlent. — V. Les froids les plus aigus ne font aucun mal aux germes des animalcules. — VI. Rapports entre les animalcules et les insectes, de même qu'entre les principes générateurs des uns et des autres, relativement aux effets du froid pour les tuer ou leur laisser la vie. — VII. Pourquoi ces principes générateurs résistent mieux aux impressions du froid que les animaux qu'ils produisent. — VIII. Réflexion sur cette espèce d'animalcules qui naissent quoiqu'ils éprouvent le froid de la glace.

Je commençai mes expériences en transportant les animalcules de la chaleur de l'atmosphère au froid d'une glacière. Ce dut être pour eux un passage bien brusque que celui qu'ils éprouvèrent; ils ressentaient les ardeurs du mois d'août, le thermomètre indiquait le 23°, lorsqu'ils furent transportés dans un lieu où le thermomètre ne marquait que le 2° au-dessus du point de la glace : cependant, l'unique changement que j'aperçus en eux, après qu'ils y eurent demeuré pendant quelques heures, fut un léger ralentissement dans leurs courses, ils ne parurent pas même souffrir davantage, quoiqu'ils restassent exposés à ce froid pendant plusieurs jours. Pour varier l'expérience, je fis sentir aux animalcules le froid de la congélation, en plongeant dans la glace les vases des infusions. Au commencement du quatrième jour, une grande partie des animalcules cessèrent de vivre; j'avais mis dans la glace vingt-deux infusions, et il n'y en eut que sept où les animalcules conservèrent la vie.

Je continuai à tenir dans la glace ces sept infusions, je les visitai de temps en temps et je trouvai qu'après onze jours les animalcules de deux infusions étaient péris, mais qu'au bout de deux mois les animalcules des cinq autres infusions vivaient et nageaient encore ; il y eut même une espèce de ceux-ci qui me parut plus nombreuse. Enfin, je dois ajouter que j'avais mis dans la glace, avec ses sept infusions pleines d'animalcules, deux autres infusions encore stériles, parce qu'elles étaient fraîchement faites, mais au bout de quelques jours, elles furent remplies par une armée des animalcules les plus petits.

Pendant le cours de l'hiver, j'exposai nos animalcules à de nouvelles épreuves, et les résultats que j'obtins furent semblables à ceux que j'avais eus déjà. Tant que les infusions conservèrent leur fluidité, tant qu'on n'y aperçut aucun filament de glace, quoique le froid qu'elles éprouvaient fît descendre le thermomètre au-dessous du point de congélation, ce qui était occasionné par l'huile végétale qu'elles contenaient, qui les garantissait de la congélation; quoique les animalcules de plusieurs infusions fussent tués par ce froid, il y en eut quelques espèces plus robustes qui y résistèrent, ce qui me fit naître l'idée de chercher le degré de froid qui les ferait périr. Je profitai pour cela d'une journée très froide, je mis au dehors d'une fenêtre ces infusions où étaient les animalcules que le froid n'avait pu tuer; et quoique le thermomètre fût descendu à 6° au-dessous de la glace et que les infusions se couvrissent dans leurs parties extérieures d'un léger voile de glace, cependant, après l'avoir rompu et en avoir mis quelques petits morceaux sous le microscope, je trouvai des animalcules vivants dans les morceaux qui ne s'étaient pas entièrement durcis; ils étaient enchaînés dans les petites grottes formées par la glace, mais dans les petits morceaux qui s'étaient absolument gelés, et que j'essuyai, les animalcules y étaient morts et ils restèrent immobiles après que la glace fut fondue; enfin, les animalcules conservèrent leur vivacité dans la portion de la liqueur qui ne s'était pas encore coagulée [1].

Cela ne me contenta point; je fus curieux de voir ce qui arriverait successivement à ces animalcules qui se geleraient. Je préparai une grosse goutte d'infusion dans un cristal de montre que j'ajustai à un microscope; la liqueur gela d'abord à la circonférence, c'est-à-dire là où la liqueur était la plus subtile, mais pendant que les bords se

---

(1) M. Muller, de Copenhague, cet illustre observateur, a découvert quelques espèces d'animalcules qui ont survécu à la congélation des infusions; je n'ai jamais vu ce phénomène, et je suppose qu'il s'est assuré de la parfaite dureté des infusions gelées. « Quaedam sic » Animalia infusoria rigorem frigoris sustinent, aquâque gelu solutâ, » eodem numero, vigoreque pristino circumnatant; alia gelu enecta » periere ». C'est ainsi qu'il s'exprime dans son *Ouvrage sur les Animalcules des Infusions*, imprimé à Leipsik en 1773 et 1774. Je suis bien fâché de n'avoir connu ce livre que lorsque je ne pouvais plus en faire usage dans le corps de mon manuscrit que j'avais achevé de faire transcrire; j'ai donc cru réparer cette perte en le citant dans quelques notes au bas des pages, ce qui est d'autant plus naturel que nous avons plusieurs fois observé les mêmes choses et discuté des problèmes analogues.

gelaient ainsi, les animalcules s'en éloignaient pour venir où l'infusion était encore fluide; à mesure que la glace augmentait, les animalcules continuèrent à fuir, jusqu'à ce qu'ils se fussent tous rassemblés en foule dans le milieu de la goutte où la liqueur était encore fluide, mais quand elle fut entièrement gelée, tous les animalcules perdirent le mouvement et la vie. Je répétai l'expérience de la même manière et j'eus le même résultat; j'ajouterai seulement qu'ayant rempli deux autres verres de montres avec de semblables infusions qui ne se gelèrent qu'au bout d'une heure, cette foule d'animalcules déjà morts était si bien rassemblée au milieu, qu'il n'y en avait qu'un nombre extrêmement petit qui fussent restés dans les infusions gelées.

Ces expériences prouvent que ces espèces d'animalcules périssent au 6° au-dessous de la congélation; mais périssent-ils parce que le froid les tue, ou parce que les infusions ont perdu leur fluidité? C'est ce que je ne pouvais décider alors, et ce qui demandait de nouvelles expériences pour le développer, car j'avais toujours observé que ces animalcules perdaient la vie dès qu'ils étaient à sec; je poussai donc le froid au delà du 6° au-dessous du point de congélation, et en même temps j'empêchai, autant que je le pus, la congélation de la liqueur où logeaient les animalcules, je vins aisément à bout de ces deux choses par le moyen d'un froid artificiel produit avec du sel, de la neige et de l'eau commune; je le fis éprouver à tous ces animalcules des infusions qui étaient péris au 6° au-dessous de la glace. C'est un fait reconnu des physiciens que

l'eau ne perd pas sa fluidité au 9° et même au 10°
au-dessous du point de la glace lorsqu'elle reste
dans un repos parfait, et on peut le lui procurer
en la tenant dans un vase fermé, loin de tout choc
extérieur. Je m'aperçus bientôt de cette manière
que le froid poussé jusqu'au 6° au-dessous du point
de la glace n'était pas la cause de la mort des
animalcules, mais qu'elle avait été seulement occasionnée par la congélation des infusions, puisque
ces animalcules conservèrent la vie, quoiqu'ils
éprouvassent un froid poussé presque jusqu'au 9°
au-dessous de zéro dans l'eau qui ne s'était pas
gelée, et puisqu'ils y conservèrent la vie et qu'ils
continuèrent à y nager avec une vitesse qui était à
la vérité beaucoup plus petite que leur vitesse ordinaire, tant que le thermomètre fut au 8° au-dessous
de zéro. Ce degré de froid fut pourtant le dernier
que quelques espèces d'animalcules purent peut-être
soutenir, puisque ces animalcules perdirent la vie
au commencement du 9°, quoique l'eau ne fût pas
gelée et qu'elle commençât à se couvrir d'un voile.
Deux espèces vivaient cependant encore, et je puis
peut-être dire, ou même sans *peut-être*, qu'elles
auraient résisté à un froid plus fort, si j'avais pu
conserver l'eau liquide avec un froid plus rigoureux.

Je répétai les mêmes expériences sur les germes
des animalcules; je fis exprès des infusions semblables aux précédentes. je les scellai hermétiquement et je les exposai à un froid produit par
un mélange de sel marin pilé très fin avec de la
neige; le thermomètre descendit au 15° au-dessous
de zéro. Les infusions gelèrent si fort par ce froid,

qu'après les avoir retirées du mélange il s'écoula plus d'une demi-heure avant qu'elles fussent dége-. lées, quoique la température du lieu où je les plaçai fût marquée par le thermomètre au-dessus du point qui indique le tempéré; mais les germes des animalcules ne souffrirent point de ce froid, puisque ces infusions, après avoir été hermétiquement fermées, donnèrent le jour dans le temps ordinaire à une multitude d'animalcules.

J'avais déjà parlé dans ma Dissertation [1] de l'effet que le froid de la neige produit sur les animalcules, et je disais que ce froid ou, ce qui est la même chose, celui de la congélation, les faisait périr, ce qui a été confirmé par les faits que je viens de rapporter. J'observai seulement que ces faits montrent encore que toutes les espèces d'animalcules ne périssent pas lorsqu'elles sont exposées au froid de la congélation, mais qu'il y en a qui parviennent à supporter le 8° au-dessous, et même qu'il y en a d'autres qui pourraient en souffrir un plus rigoureux.

Ce fait s'accorde fort bien avec ce qu'on observe dans les insectes, qui ont un rapport plus marqué avec nos animalcules; il y en a qui supportent sans mourir le 19° au-dessous de la glace, et d'autres qui périssent au 10° et tout au plus au 11° [2]. Un très grand nombre ne peut pas supporter le degré qui marque la congélation; il y en a d'autres qui cessent de vivre par un froid beaucoup plus petit [3].

On trouve seulement cette différence entre les

(1) Chap. III.
(2) Réaumur, *Mémoires sur les Insectes*, t. II.
(3) *Ibid.*, t. V.

animalcules et les insectes qu'on expose au froid,
c'est que les premiers conservent assez de vie pour
faire usage de leurs membres, se mouvoir et nager,
au lieu que lorsque ceux-ci ont éprouvé l'action du
froid marqué par le point de la glace, ils perdent
d'abord leur vivacité et ils restent immobiles comme
des cadavres. Il y a cependant quelques insectes que
l'on peut comparer aux animalcules, car outre la
Podura de Linnaeus [1] qui habite les neiges de la
Suède, j'ai observé que les anguilles du vinaigre
conservaient le mouvement de leurs membres, quoiqu'elles fussent exposées à un froid assez vif, car
quoique cette liqueur gèle plus difficilement que
l'eau, ces anguilles y nagent toujours tant que le
fluide n'est pas gelé. Il y a des vinaigres qui restent
fluides lors même qu'on les expose au 7° au-dessous
de la glace, d'autres plus spiritueux ne sont gelés
qu'au 11°; mais quand le froid croissait ainsi, ces
anguilles, comme les animalcules, perdaient insensi-
blement leur mouvement, et quoique le vinaigre fût
changé en une pâte très tendre de glace, les anguilles
s'y mouvaient toujours; mais la congélation ayant
augmenté, elles restèrent immobiles, étendues en
lignes droites ou légèrement courbées ; si on leur
portait un prompt secours en faisant dégeler le
vinaigre, on était sûr de leur rendre la vie, mais
si on laissait durcir la glace, il n'était plus possible
de les ressusciter par le dégel. Ces rapports entre les
animalcules et les insectes existent encore entre leurs
principes générateurs ; nous l'avons observé, un
froid rigoureux ne détruit pas les germes des

(1) *Fauna Suedica.*

animalcules ni les œufs des insectes : l'année 1709 est célèbre par le froid de son hiver et par les fatales conséquences qu'il eut pour les plantes et pour les animaux, le thermomètre descendit jusqu'au 14° au-dessous de la glace. Qui aurait cru, s'écrie Boerhaave, que les œufs des insectes n'eussent pas été entièrement détruits par cet hiver rigoureux, particulièrement ceux qui durent le plus éprouver sa rigueur, soit parce qu'ils étaient placés en rase campagne, ou sur un terrain découvert, ou sur les branches des arbres ? Cependant, dès que le printemps commença à réchauffer l'air, ces œufs produisirent des insectes dans le temps ordinaire et comme après les hivers les plus doux. J'ai fait éprouver à ces œufs un hiver plus rude que celui de 1709; je renfermai dans un vase de verre divers œufs d'insectes, entre lesquels étaient quelques œufs de papillons de l'orme ou du ver à soie, je tins ce vase couvert pendant cinq heures avec un mélange de glace et de sel gemme; le thermomètre y descendit au delà de 17° au-dessous de zéro; cependant, vers le milieu du printemps suivant, tous ces œufs produisirent de petits vers dans le même temps que les autres œufs qui n'avaient pas éprouvé la rigueur de ce froid.

L'année suivante, je les soumis à une expérience bien plus dangereuse, je leur fis éprouver un froid de 24° au-dessous de la glace, je vins à bout de le produire par un mélange de glace et de sel gemme sur lequel je versai de l'esprit de nitre, et quoique ce froid fût de 14° plus vif que celui de 1709, il ne fit aucun mal à ces œufs, et j'eus le plaisir de les voir éclore au printemps suivant aussi vite que les autres.

En combinant tous ces faits, il en résulte que le froid est moins nuisible aux germes et aux œufs qu'aux animalcules et aux insectes. En général, les germes peuvent supporter un froid marqué par le 13° au-dessous de la glace, et les animalcules périssent quand ils éprouvent le degré de froid qui opère la congélation; d'autres ne meurent qu'au 8° au-dessous ou environ. Plusieurs œufs d'insectes résistent au 24° et les insectes qu'ils produisent ne peuvent soutenir le 7° ou le 8°; je l'ai observé dans les vers à soie et dans ceux des papillons de l'orme, et quoiqu'il y ait des chenilles et des chrysalides qui résistent à un froid bien plus considérable; mais quelle est la raison de cette différence? Nous avons déjà parlé de ce problème en parlant de l'action du feu sur les animalcules et les insectes, et sur leurs germes et sur leurs œufs [1]. Comme les animalcules et les insectes résistent moins au froid que les œufs, ils résistent aussi moins à la chaleur. J'ai essayé de faire connaître la cause de cette différence; ce que j'ai dit peut s'appliquer encore au cas présent, on en pourra juger en relisant ce morceau; nous avons encore ici une autre cause plus sensible. Les insectes que le froid indiqué par le 7° ou le 8° au-dessous de la congélation fait périr, en sont tellement pénétrés, que leurs membres gelés se durcissent de manière qu'ils ne cèdent plus sous la pression des doigts et qu'ils paraissent entièrement glacés sous le couteau qui les partage ; mais cela n'arrive pas aux œufs

[1] Chap. IV.

exposés à un froid beaucoup plus rigoureux, leurs humeurs conservent leur fluidité, comme on s'en aperçoit si on les écrase avec l'ongle quand ils ont éprouvé le plus grand froid; peut-être doivent-ils cet avantage à leurs particules composantes· qui sont spiritueuses ou oléagineuses, ou du moins propres à diminuer l'action du froid. Puis donc que les œufs ne se gèlent pas, il est très croyable que les embryons qui y sont enfermés ne se gèlent pas non plus. Serait-il étonnant après cela de voir ces embryons survivre au froid qui les fait périr lorsqu'ils sont nés? C'est vraisemblablement par cette raison que les animalcules concentrés dans les germes résistent au froid qui les tue quand ils sont éclos.

Avant de finir ce chapitre, je dois faire quelques réflexions sur l'espèce la plus petite de ces animalcules dont j'ai parlé au commencement. Ils naissent lorsque le thermomètre est à zéro; je n'avais pas indiqué ce phénomène dans ma Dissertation, lorsque je parlai par occasion de la saison la plus favorable pour la naissance des animalcules [1], mais vraisemblablement je n'avais pas observé ce fait. Il faudra donc dire que les germes de ces petits animalcules se développent par un froid pendant lequel on ne voit aucun autre œuf éclore; il n'y en a aucun qui éclose lorsque le thermomètre est à zéro. Cette singularité n'a rien d'extraordinaire, si l'on considère attentivement ce qu'est la température qu'on appelle *le froid de la congélation*. Les Anciens croyaient que le froid de la congélation était le

______
[1] Chap. III.

plus grand, mais les expériences des Modernes ont
détruit ce préjugé, en démontrant que l'intensité
du froid naturel ou artificiel peut être considérablement plus grande, comme on l'a déjà vu par mes
expériences; elles prouvent encore que le froid de
la congélation, bien loin d'exclure toute la chaleur,
en conserve toujours une dose considérable; en vou-
drait-on un argument plus convaincant? Qu'on
plonge pendant quelque temps la boule d'un thermomètre dans un mélange de sel et de neige, qu'on
l'en tire ensuite pour la mettre dans la neige pure;
on verra que si le thermomètre placé dans le mélange
est descendu au 10° ou au 12° au-dessous de zéro, il
remontera jusqu'au zéro quand on l'aura mis dans
la neige; l'élévation du thermomètre est une preuve
manifeste qu'il passe du froid au chaud ou, pour
parler philosophiquement, il passe d'un lieu moins
chaud dans un plus chaud; si donc la température
de la congélation a une vraie quantité de chaleur,
pourquoi ne pourrait-elle pas développer les germes
des plus petits animalcules? Il est inutile de dire
qu'on ne connaît pas d'œufs qu'un si faible degré
de chaleur puisse faire éclore. Si l'on n'avait vu
éclore que les œufs des oiseaux, on croirait sûrement
que le 32° de chaleur, qui est le degré nécessaire
pour qu'ils éclosent, est aussi celui qui est nécessaire pour faire éclore tous les autres; mais il suffit
d'être légèrement initié dans l'étude des petits animaux, pour savoir qu'il y a beaucoup d'espèces
d'œufs qui éclosent par une chaleur beaucoup plus
petite : tels sont les œufs d'une multitude de
papillons et d'insectes, tels sont ceux des gre-

.nouilles, des crapauds, des lézards, des tortues. Il y en a même, comme ceux des crapauds, qui se développent suivant mes observations, lorsque le thermomètre est au 6° au-dessus de la glace. Si donc les œufs de ces derniers animaux peuvent éclore par une chaleur de 26° plus petite que celle qui est nécessaire pour le développement des œufs des oiseaux, il n'y aura rien de contradictoire s'il en naît encore par une chaleur de 6° moindre que la précédente, comme est celle de la congélation. Je ne m'étonnerais pas quand on me dirait qu'il en naît par un degré beaucoup plus froid, puisqu'il y a des plantes qui fleurissent, qui se fécondent, et qui produisent leurs fruits au milieu des glaces de l'hiver : telles sont l'aconit d'hiver, l'hépatique, l'ellébore noir, le narcisse, les mousses terrestres et les coralines. L'on connaît les grandes analogies qu'il y a entre les animaux et les plantes.

Nous avons vu précédemment qu'il y avait une espèce d'animalcules dont les germes ne périssent pas dans l'eau bouillante, et nous avons appelé cette espèce *du dernier ordre* [1]. La ressemblance qu'il y a dans la petitesse de ces animalcules, et dans celle des animalcules qui naissent lorsque le thermomètre est à zéro, me fit soupçonner que les germes qui résistent à l'action de l'eau bouillante étaient ceux qu'on voyait éclore, lorsque le thermomètre indiquait le degré de la congélation. Pour éclaircir ce doute, il fallait d'abord savoir si. les uns et les autres étaient vraiment les mêmes; je cherchai à le découvrir par des comparaisons rigoureuses entre eux;

(1) Chap. III.

pendant que j'enfouissais dans la neige des infusions que je venais de faire, j'en exposai d'autres scellées hermétiquement à la chaleur de l'eau bouillante et, au bout de quelques jours, je visitai les unes et les autres. Mais je n'ai jamais su trouver une différence sensible dans la forme, la grandeur et les mouvements de la plus grande partie des animalcules nés dans la neige, ou dans les infusions scellées hermétiquement et exposées à l'action de la chaleur de l'eau bouillante; de sorte que je me suis cru fondé à conclure que ces animalcules étaient des espèces identiques. L'identité des animalcules établit l'identité des germes, d'où il résulte qu'on peut attribuer à ces petits êtres vivants deux propriétés bien singulières, l'une de résister à la chaleur de l'eau bouillante, l'autre de naître dans la glace.

CHAPITRE VI

I. On examine plus en grand, et d'une manière plus détaillée, les effets de la chaleur et du froid sur les animaux. — II. Recherches sur la chaleur et le froid que les hommes peuvent supporter. — III. Erreur de Boerhaave sur les degrés de chaleur et de froid qu'il croyait fatals à l'homme. — IV. L'homme diffère des autres animaux par sa faculté de vivre et de multiplier dans tous les climats. — V. Observations sur la chaleur et le froid qu'éprouvent les quadrupèdes, les oiseaux, les poissons, les reptiles et les insectes. — VI. Un sommeil léthargique s'empare en hiver de plusieurs espèces d'animaux. — VII. Examen de la question fameuse, si nos hirondelles s'engourdissent pendant l'hiver. — VIII. Tentative de M. de Buffon et de l'Auteur pour la résoudre. — IX. Opinion de M. de Buffon sur la cause immédiate de l'engourdissement de plusieurs animaux par le froid, avec les preuves de sa fausseté. — X. Recherches de l'Auteur et de la découverte de la cause immédiate de ce phénomène. — XI. Diversité dans le degré du froid nécessaire pour l'engourdissement de divers animaux. — XII. Cause de la mort des hommes et des animaux tués par le froid, suivant les physiologistes. — XIII. Cette cause ne peut agir sur une classe d'animaux. — XIV. Autre cause adoptée par l'Auteur pour cette classe.

On a vu que la chaleur et le froid sont deux agents de la Nature également funestes aux animaux, quand ils agissent sur eux avec une certaine force; on a observé cependant que toutes les espèces ne périssent pas au même degré de chaleur et de froid, mais que les unes en supportent de plus forts et les autres de moindres, suivant la force de leur tempérament. Mais tout ceci n'a été considéré qu'en petit et relativement à un nombre donné d'espèces, et même de ces espèces qui occupent le plus bas degré de l'échelle animale. A présent, généralisons nos idées, considérons les choses en grand, parcourons les diverses classes, les divers ordres d'êtres vivants, en commençant par l'homme, qui est le plus noble et le plus parfait. Ces considérations seront un intermède agréable, elles mettront de la variété dans le sujet que je traite et elles préviendront l'ennui que l'uniformité pourrait produire.

L'homme étant sujet, comme les autres animaux, aux lois physiques, est par conséquent exposé à périr par un excès de chaleur ou de froid; cependant il supporte l'un et l'autre, quoiqu'on les pousse à un degré qu'on n'aurait pas imaginé supportable. On croit communément, avec Boerhaave, que l'homme ne saurait vivre dans un air dont la chaleur serait égale à celle de notre sang. Ce grand philosophe avait établi cette règle, parce qu'il avait observé que quelques oiseaux et quelques quadrupèdes perdaient la vie dans un air échauffé jusqu'au 52°, c'est-à-dire 22° plus chaud que le sang humain [1]; mais cette opinion a paru mal fondée, quand on a su qu'il y avait des lieux habités où la chaleur de l'atmosphère, dans une place à l'ombre, était plus grande que celle de notre sang : ainsi à Apamée, au Cap de Bonne-Espérance, la chaleur fait monter le thermomètre à 36° dans une place qui est à l'abri des rayons du soleil [2]; cependant les hommes qui habitent ces lieux supportent cette chaleur; on supporte de même la chaleur dans la Caroline, quoiqu'elle soit plus grande que la chaleur humaine, puisqu'on y voit descendre un thermomètre lors-

[1] *Chemia*, t. I.
[2] Chap. IV.

qu'on le transporte d'une place à l'ombre dans la bouche d'un homme [1]. La chaleur qu'on souffre dans le bain égale quelquefois la chaleur des lieux les plus chauds. Il y a des eaux thermales où le thermomètre monte jusqu'au 36° et même jusqu'au 40° [2]. Nous suivrons, pour les faits que nous avons à raconter sur le froid, la même méthode que nous avons employée pour les faits relatifs à la chaleur. Boerhaave croyait que le dernier terme du froid produit par la Nature était le point zéro du thermomètre de Fahrenheit, ou bien le 14° au-dessous de zéro du thermomètre de Réaumur; il observe qu'à ce terme les hommes, les animaux, les végétaux cessent de vivre [3]; mais on a éprouvé des froids beaucoup plus vifs en divers lieux de la Terre. Je me contente de rapporter ici les observations et les récits des Académiciens de Paris. Pendant plusieurs années, à Pétersbourg, le thermomètre est descendu en hiver au 27° au-dessous de la glace et une fois jusqu'à 30° [4]. Ce froid fut surpassé par celui qu'on a ressenti à Québec où le thermomètre est descendu à 33° [5]; le froid observé à Tornéao par Maupertuis fut encore plus grand, on vit le thermomètre au

(1) Haller, *Physiol.*, t. II.
(2) *Ibid.* Le docteur Fordyce a supporté sans peine pendant vingt minutes une chaleur indiquée par le 250° du thermomètre de Fahrenheit, pendant dix minutes une chaleur de 198°, pendant huit minutes une chaleur de 262°, c'est-à-dire beaucoup plus ardente que celle de l'eau bouillante; sa respiration n'en souffrit point pendant sept minutes, elle devint plus fréquente à la huitième, mais il attribue cet effet à un grand dîner qu'il avait fait auparavant, car il supporta pendant plus longtemps la chaleur de 220° sans incommodité, et un chien ne souffrit pas d'avoir été exposé dans un panier pendant trente-deux minutes à une chaleur de 360°. On sait que le 212° du thermomètre de Fahrenheit indique l'eau bouillante (*Trans. Philos.*, t. LXV, part. I, t. II. Note du traducteur).
(3) *Chemia, ibid.*
(4) *Hist. de l'Ac. Roy. des Sciences*, 1749.
(5) *Ibid.*

37° [1]; mais quoique ces froids paraissent très vifs auprès des froids de nos climats, ils ne sont pas comparables à ceux qui dévorent plusieurs endroits de la Sibérie, comme Tomsk, Kirenga, Jeniseik, où le thermomètre descend à 53° ½, à 66° ½ et même jusqu'à 70° au-dessous de zéro [2].

On ne peut nier qu'un froid si atroce ne soit nuisible et même funeste. Le froid de 27° éprouvé à Pétersbourg ne pouvait se supporter à visage découvert pendant un temps plus long qu'une demi-minute [3]. Ceux qui s'exposent sans précaution à l'air de Tornéao, lorsque le thermomètre descend au 37°, se sentent la poitrine déchirée; il y a plusieurs habitants de ces rudes climats qui perdent pendant l'hiver leurs membres, comme un bras, une jambe [4]. On observe un plus grand nombre de ces effets cruels du froid dans les relations des froids de Sibérie; on a peut-être encore éprouvé des froids plus rigoureux dans les autres parties du Globe : tel fut celui que ressentit le capitaine Midleton à la baie de Hudson et dont il a fait un rapport à la Société Royale; toutes les liqueurs, sans excepter l'eau-de-vie, gelèrent dans les maisons, l'intérieur des chambres, les lits se couvrirent d'une croûte de glace dont l'épaissenr était de trois pouces, quoique les murs de ces maisons, où les habitants s'enterrent pendant cinq mois, soient de pierre et épais de deux pieds, quoique les fenêtres soient très étroites, fermées par de fortes planches et ouvertes seulement

(1) *Voyage au Cercle polaire.*
(2) *Hist. de l'Ac., ibid.*
(3) *Hist. de l'Ac. Roy. des Sciences.*
(4) *Ibid.*

très peu de temps, enfin quoiqu'on y fasse des feux très ardents [1]. Les Hollandais éprouvèrent un froid semblable à la Nouvelle-Zemble, où la rigueur de la saison fut telle, qu'ils eurent la plus grande peine pour empêcher que leurs pieds ne se gelassent dans une cabane bien fermée et où l'on entretenait un feu continuel; malgré cela, leurs habits étaient couverts de glace et ils se distribuaient par morceaux de glace le vin très fort qu'ils avaient. On ne saurait douter que ces froids ne devinssent enfin fatals à l'espèce humaine, si l'on ne pouvait pas s'en préserver; je ne prétends pas qu'ils soient absolument funestes, mais ils le deviendraient, suivant les circonstances où se trouveraient ceux qui doivent s'en garantir. Il faut observer, relativement à la rigueur du froid éprouvé à la baie de Hudson et à la Nouvelle-Zemble, que ceux qui le sentirent étaient enfermés dans des espèces de maisons où ils menaient une vie tranquille et sédentaire; ce genre de vie aurait favorisé l'action du froid sur eux, s'ils n'avaient pas cherché par d'autres moyens à s'en préserver. Je ne crois pas m'éloigner de la vérité, en disant que ces Hollandais auraient pu sans danger affronter des froids aussi vifs en rase campagne, en supposant qu'ils eussent été bien couverts et qu'ils eussent pris beaucoup d'exercice. Dans les nuits d'hiver de notre climat tempéré, le froid est quelquefois beaucoup plus vif qu'il ne faudrait pour geler les corps de ceux qui resteraient exposés sans mouvement; il n'est pas douteux qu'il ne devînt mortel si on le souffrait longtemps. Cependant on le

_____

[1] *Hist. de l'Ac. Roy. des Sciences.*

supporte en prenant du mouvement, et on en souffrirait de bien plus considérable par ce moyen. Les Académiciens de Paris, accoutumés à un climat tempéré comme le nôtre, commencèrent leurs observations astronomiques au milieu des bois et des montagnes situés près de Tornéao avant que la neige fut bien épaisse; il est vrai que le froid ne faisait pas descendre le thermomètre à 37°, mais il était assez rude pour faire geler toutes les liqueurs, à l'exception de l'eau-de vie; on ne pouvait ôter un verre de la bouche sans le teindre du sang des lèvres déchirées, parce que le froid subit les collait aux parois du vase dans lequel on buvait [1].

Les sauvages des climats septentrionaux vont à la chasse pendant les plus grands froids, et ils savent si bien que le mouvement seul peut leur conserver la vie, que si quelque accident les menace de la mort pendant leurs courses ils l'accélèrent par le repos. Mais rien ne prouve mieux l'efficacité du mouvement contre le froid, que le récit de quelques Hollandais qui passèrent l'hiver au Spitzberg situé au 78° de latitude et où l'on éprouve un froid plus cuisant qu'en aucun autre lieu connu. Ceux qui s'enfermèrent au commencement de l'hiver dans les cabanes de bois qu'ils avaient faites pour se garantir du froid, moururent de froid l'un après l'autre auprès du feu qu'ils faisaient pour se réchauffer ; au lieu que ceux qui vivaient à l'air libre, qui s'occupaient à la chasse, ou au charriage des bois, ou à d'autres exercices, conservèrent leur santé et leur vigueur [2].

(1) Haller, *Physiol.*, t. II.
(2) Boerhaave, *Prælectiones*. Haller, *Physiol.*, t. II.

Il faut conclure de tout ce que je viens de dire, que l'homme est en état de supporter une foule de variations de froid et de chaleur renfermées dans les termes très éloignés d'un froid extrêmement supérieur à celûi de la glace, et d'une chaleur égale et même plus forte que celle de l'eau bouillante; ce qui montre que l'homme n'est point fait par la Nature pour habiter seulement quelques parties déterminées du Globe, mais pour vivre, multiplier et exercer sa souveraineté dans toutes, sans trouver des obstacles dans la contrariété apparente des climats. Il n'en est pas de même pour les quadrupèdes; ils ont été distribués sur la terre de manière que les uns sont faits pour les pays chauds, les autres pour les tempérés, et les autres pour les froids; on n'a pas même pu trouver jusqu'à présent aucune espèce qui s'accommodât indifféremment de tous les climats. Le lion, l'éléphant, le tigre, le léopard, la panthère, ne se trouvent que dans les climats chauds; lorsqu'on les transporte dans les climats tempérés, ils y deviennent inhabiles à la génération et ils périssent bientôt dans les climats froids. Les animaux domestiques de nos climats ne souffrent pas dans les régions plus chaudes, ils ne peuvent cependant pas vivre dans les pays plus froids : tels sont le cheval, le bœuf, le mouton, l'élan, le renne, l'hermine; ces habitants du Nord ne se trouvent point dans les pays méridionaux, et ils sont si éloignés d'y pouvoir vivre qu'ils n'ont jamais pu subsister dans les climats tempérés; c'est au moins ce qu'on a observé relativement aux rennes, on a souvent cherché à les naturaliser en Allemagne et en France, mais elles y ont péri au lieu d'y multiplier [1].

La loi qui oblige les quadrupèdes à rester dans leur pays natal souffre cependant quelques modifications; il y en a qui multiplient dans les pays tempérés, quoiqu'ils soient originaires des pays chauds, tandis que des animaux qu'on ne trouve ordinairement que dans les pays froids, vivent bien dans les pays chauds. Le lapin et le cochon d'Inde sont des exemples des premiers, le castor et le loup-cervier sont des exemples des seconds.

Les oiseaux peuvent être regardés à cet égard comme étant divisés en deux classes; les uns, semblables aux quadrupèdes, ne s'éloignent pas beaucoup de leur patrie, ou du moins ne changent pas de climats, les autres n'ont aucun domicile fixe, mais ils changent de climats suivant les saisons, étant vraisemblablement pressés à faire ces voyages, ou par la disette des aliments, ou par la difficulté de résister à la rigueur de l'hiver, ou même à un froid assez doux.

Nous avons dit avec Boerhaave qu'une chaleur de 52° au-dessus de la glace tuait en très peu de temps quelques oiseaux et quelques quadrupèdes; il est vrai qu'une chaleur de 22° plus forte que celle du sang est considérable, et que plusieurs espèces d'animaux ne peuvent la soutenir; mais on ne saurait disconvenir qu'elle ne soit supportable, et qu'il n'y ait plusieurs espèces d'animaux qui la souffrent impunément sous la zone torride et dans d'autres climats très chauds. Il me semble qu'on doit rai-

(1) Buffon, *Hist. Naturelle*, t. XIV, in-12.

sonner sur la chaleur que les oiseaux et les autres animaux peuvent supporter comme on raisonne à leur égard relativement au froid, et puisque les animaux des pays les plus septentrionaux résistent à un grand froid, de même ceux des pays les plus méridionaux doivent résister à une excessive chaleur.

Il est aisé de déterminer le plus grand froid que les poissons, soit cétacées, soit à écailles, doivent éprouver : il égalera toujours celui de l'eau dans laquelle ils nagent; il sera donc inférieur au froid de la congélation pour ceux qui habitent l'eau douce, autrement elle perdrait la fluidité. Les poissons qui vivent dans une eau salée, comme celle de la mer, seront exposés à un froid un peu plus vif que celui de la congélation. Il résulte de là que les poissons sont garantis de la rigueur du froid à laquelle tant d'animaux sont exposés par l'élément qu'ils habitent.

Ils seront encore, par la même raison, à l'abri des chaleurs les plus cuisantes de l'atmosphère, si l'on excepte ceux qui sont obligés de vivre dans des eaux peu profondes et qui sont aussi plus ou moins exposés aux impressions de l'air suivant la saison et le climat.

On sait, par quelques observations, qu'il y a des carpes d'eaux thermales qui supportent la chaleur du sang [1]. J'ai voulu faire quelques expériences sur cette espèce de poissons, je me servis pour cela des carpes de rivière; j'échauffai l'eau où elles étaient jusqu'au 33° sans qu'elles donnassent aucun signe

____

(1) Haller, *Physiol.*, t. II.

de malaise : elles commencèrent seulement à se débattre au 34° ½, et au 47° ½ elles cessèrent de vivre. Je fis dans le même temps des expériences semblables sur d'autres poissons qui périrent avant d'avoir supporté cette chaleur; ces poissons étaient des anguilles, des tanches, des lamproies. En suivant l'analogie des autres animaux, il faut dire que ceux qui sont accoutumés à vivre continuellement dans l'eau chaude, comme dans les eaux thermales ou dans d'autres eaux semblables, sont plus propres que les autres animaux à résister à une grande chaleur. Les poissons dont parle M Sonnerat en sont une grande preuve [1].

Mais de tous les animaux connus, les reptiles et les insectes sont ceux qui redoutent le plus le froid et qui recherchent le plus la chaleur. On peut dire que la chaleur du soleil est leur âme; lorsqu'ils y sont exposés, ils ont beaucoup de sensibilité et de mouvement; ils ont même d'autant plus de vivacité, d'agilité, d'audace, que l'ardeur de cet astre est plus brûlante; ceux qui sont venimeux, comme les scorpions et plusieurs serpents, sont alors plus redoutables et leur venin est plus dangereux. Le froid produit un effet contraire sur les uns et les autres. Une foule d'insectes périssent à l'approche de l'hiver, et plusieurs de ceux qui lui survivent seraient exposés au même sort s'ils ne se garantissaient pas de ses rigueurs : aussi, dans les climats tempérés, dès que l'hiver approche, chacun de ces insectes cherche une retraite. Les uns se tapissent dans les fentes des murs, d'autres se nichent sous les tuiles

(1) Chap. IV.

des toits, comme les serpents et plusieurs espèces
de mouches. D'autres se cachent dans le milieu des
pierres, dans les fentes des arbres ou dans les trous
des troncs, comme les vipères, les couleuvres, plusieurs espèces de cantharides et d'autres insectes
semblables ; ceux-ci cherchent leur salut dans les
coins des cavernes des montagnes, dans les lieux
souterrains ou dans les caves; on y trouve par
exemple plusieurs espèces d'araignées, de mouches,
de cousins, de limaces, d'escarbots petits et grands;
d'autres conservent leur vie dans les fumiers où,
malgré les horreurs de l'hiver, ils éprouvent toujours une chaleur douce. Mais le fond des eaux,
l'intérieur de la terre sont en particulier deux
retraites sûres pour la plupart des reptiles et des
insectes. Quoique ces animaux soient suffisamment
garantis du froid dans tous ces asiles pour y
conserver leur vie, ils sont cependant très incom-
modés par sa rigueur ; ceci paraît par l'engourdissement léthargique dans lequel ils restent
pendant tout l'hiver.

Au reste, il est très possible qu'il y ait parmi
les quadrupèdes, les oiseaux, peut-être même entre
les poissons, quelques-uns d'eux qui éprouvent une
espèce d'engourdissement et de léthargie comme les
insectes et les reptiles. Pour ce qui regarde les quadrupèdes, je ne dirai rien des crapauds, des grenouilles, des lézards verts, des petits lézards, qui
passent presque tout l'hiver cachés dans l'eau ou
sous la terre, et qui y vivent dans une léthargie
continuelle, mais on observe les mêmes événements
dans la vie des hérissons et des tortues terrestres,

de même que dans celle de plusieurs espèces de
rats, de marmottes et de loirs : ceux-ci se cachent
encore dans les creux des arbres, ou sous la terre,
et ils y vivent les uns en solitude et les autres en
société.

Le froid fait éprouver aux chauves-souris les
mêmes symptômes pendant l'hiver, on les trouve
raides et immobiles dans les creux des arbres, dans
les fentes des murs, ou bien elles sont suspendues
aux voûtes des cavernes souterraines.

Il y a d'autres oiseaux sujets au même enraidisse-
ment : à la fin de la belle saison, on en voit des
centaines s'unir, s'entrelacer, se mettre en pelotons
et se plonger après cela dans l'eau, où ils passent
tout l'hiver entassés ou retirés en eux-mêmes. Le
lecteur éclairé prévoit que je parle ici des hirondelles : le fait est trop circonstancié, trop authen-
tique pour pouvoir le révoquer en doute; plusieurs
personnes respectables et dignes de foi attestent
avoir non seulement vu des troupes d'hirondelles
liées ensemble se jeter dans les étangs à l'approche
de l'hiver, mais d'avoir encore vu plusieurs fois
tirer ces pelotons d'hirondelles liées ensemble hors
de l'eau et même de dessous la glace. La question
se réduit donc à savoir si les hirondelles, dont ces
auteurs parlent, sont les mêmes que les nôtres, c'est-
à-dire celles qui se contruisent un nid de terre dans
nos maisons et qui habitent avec nous pendant
l'été, ou bien si elles sont des hirondelles étrangères,
je veux dire un oiseau ressemblant par la forme,
la couleur et la grandeur à nos hirondelles, mais
qui est cependant d'une nature et d'une espèce

différentes. J'ai cherché depuis plusieurs années à éclaircir ce doute; je savais par mon expérience que les animaux qui sont dans une espèce de léthargie pendant l'hiver éprouvent les mêmes accidents dans les autres saisons, quand ils sont exposés au degré de froid qui les leur cause; de sorte que si l'on fait éprouver à une grenouille, à un rat muscardin, à un lézard, le froid de la congélation pendant l'été, lorsqu'ils paraissent avoir le plus de vie, ils perdent alors le mouvement et ils conservent leur immobilité pendant la durée du froid. En supposant donc que les hirondelles de notre pays fussent celles qu'on a vu tirer engourdies et sans mouvement hors de l'eau et de dessous la glace, j'imaginais qu'elles s'engourdiraient et perdraient le mouvement si on leur faisait éprouver ce degré de froid. Je pensai donc alors d'en exposer quelques-unes à l'air d'une glacière, en les faisant passer graduellement par des atmosphères moins chaudes, comme celle d'une cave et celle d'une chambre contiguë à la glacière, parce qu'en les transportant brusquement dans le mois d'août de la chaleur de l'atmosphère au froid d'une glacière, le passage aurait été trop brusque : mais au bout de trois heures, ces hirondelles périrent toutes dans la chambre contiguë à la glacière, et je ne pus pas observer si elles étaient tombées auparavant dans une léthargie, quoique le thermomètre n'y fût descendu qu'à 5° au-dessus de zéro et que ce froid fût plutôt trop petit que trop vif pour opérer cet effet. Je mis d'autres hirondelles dans le même lieu, mais elles eurent toutes le même sort, d'où je conclus que je regardais avec raisons ces

hirondelles comme étant spécifiquement différentes
de celles qu'on trouve dans l'eau et sous la glace.
Je parle de cette expérience dans une de mes notes
que j'ai mises à ma traduction italienne de la *Con-
templation de la Nature* [1]; je l'ai trouvée confirmée
par M. de Buffon dans son premier volume sur les
Oiseaux, publié en 1770, où il dit qu'il avait aussi
renfermé dans le même but plusieurs hirondelles
communes dans une glacière sans les avoir jamais
vu s'engourdir, mais qu'il les avait vu constamment
périr après avoir resté exposées à cet air froid
pendant un temps assez grand, et il conclut de là
qu'il n'est pas possible que cet oiseau subisse en
hiver ce sommeil léthargique, d'autant plus que
M. Adanson avait assuré que les hirondelles
vulgaires paraissaient constamment au Sénégal en
automne et y disparaissaient au printemps : il croit
donc aussi que les hirondelles européennes et celles
qui s'engourdissent sont deux espèces différentes,
quoiqu'on ne les ait regardées jusqu'à présent que
comme une seule.

Enfin, dans la nombreuse famille des poissons,
il y en a sûrement sur lesquels l'action du froid
produit les mêmes effets. Si l'on peut ajouter foi
à Peclin, cité par M. de Haller, les tanches seraient
de ce genre; il dit en avoir vu s'enterrer dans la
vase au commencement de l'hiver, comme on voit
tant d'insectes et de reptiles entrer alors en terre
pour la même raison; mais en général les poissons
sont une espèce d'animal qui a le privilège de
conserver sa vivacité et son agilité, quel que soit

(1) Elle fut imprimée pour la première fois en 1769 et en 1770, et
je devais avoir fait ces expériences cinq années auparavant.

le froid de l'atmosphère, non seulement parce que l'eau dans son état de fluidité ne peut jamais acquérir un grand degré de froid, mais encore parce que, quel que soit son degré de froid, les poissons peuvent toujours s'en garantir en se retirant dans quelques trous où elle sera profonde.

Mais d'où vient que presque tous les insectes et les reptiles perdent leurs forces, cessent d'agir et paraissent morts quand ils éprouvent un certain degré de froid, tandis que les hommes, la plus grande partie des quadrupèdes et des oiseaux conservent leurs forces et leur vivacité quand le froid est arrivé à ce degré, et même lorsqu'il est beaucoup plus âpre? Quelle est la cause immédiate de cette mort apparente des premiers, et de la conservation des seconds dans les mêmes circonstances? M. de Buffon est le premier qui se soit occupé sérieusement à chercher la cause de ce phénomène. Il observe que les animaux qui s'engourdissent ont un sang froid, tels sont les lérots, les loirs, les hérissons et les chauves-souris, qu'ils n'ont par eux-mêmes aucune chaleur intérieure, mais qu'ils possèdent seulement celle de l'atmosphère, de sorte qu'à l'approche de l'hiver leur sang se refroidit comme l'atmosphère, ce qui n'arrive pas aux animaux chauds qui portent avec eux un principe de chaleur intérieure. Ce refroidissement du sang dans ces animaux est la cause de leur léthargie, il leur fait perdre l'usage de leurs membres et de leurs sens, parce que probablement alors le sang ne circule plus que dans les grands vaisseaux. Telle est, suivant les idées de M. de Buffon, la cause de l'engourdissement des

quatre espèces de petits quadrupèdes dont j'ai parlé;
il étend son effet sur les marmottes et sur tous les
autres animaux sujets à ces accidents, parce qu'il
est persuadé que le sang de ces animaux est froid [1].

J'aurais souhaité que cette explication, qui paraît
si vraisemblable, fût également vraie, mais je ne
l'ai pas trouvée d'accord avec les faits. Premièrement, la supposition de M. de Buffon n'exige pas
nécessairement que chaque animal qui s'engourdit,
soit d'un sang froid, car les hérissons terrestres,
les marmottes, lee chauves-souris, n'ont point un
sang pareil. M. de Haller, qui a disséqué plusieurs
hérissons, assure qu'il leur a trouvé un sang chaud,
et il observe que Lister, Robinson, Lancisi, avaient
fait avant lui la même remarque [2]; il faut se rendre
au sentiment de ces illustres physiologistes. J'ai
fait des expériences sur trois hérissons et je leur ai
trouvé le sang chaud, je l'ai trouvé de même dans
les chauves-souris; j'ai cependant suivi la méthode
de M. de Buffon dans ses expériences sur le lérot;
elle consistait à introduire dans le corps de l'animal
par sa bouche la boule d'un petit thermomètre, il
assure qu'il n'en vit jamais monter la liqueur, au
contraire qu'elle y baissait quelquefois d'un demi-
degré et même d'un degré entier, ce qui était un
signe certain que les animaux sur lesquels il faisait
ces expériences avaient le sang froid [3]. Mais quand
je répétai ces expériences, le thermomètre que je fis
entrer dans la bouche des hérissons et des chauves-
souris y monta toujours jusqu'au 30° et même au 31°

(1) *Histoire Naturelle*, t. XVI et XVII.
(2) *Physiol.*, t. II.
(3) *Histoire Naturelle*, t. XVI, XVII.

au-dessus de zéro, lorsque je l'y tenais plongé pendant huit à dix minutes ; d'où il résulte que ces animaux ont la même quantité de chaleur interne que nous.

Il ne me fut pas possible d'avoir des marmottes, je priai un de mes amis, qui pouvait s'en procurer aisément, de faire ces expériences [1] : il les fit, en effet, et le résultat fut que les marmottes n'avaient point le sang froid, comme M. de Buffon le croyait, mais qu'elles avaient un principe interne de chaleur comme les animaux chauds. Mon ami s'en convainquit en tenant pendant quelque temps le thermomètre sous l'aisselle de deux marmottes : la chaleur de l'une fit monter le thermomètre de 8° à 26° au-dessus de zéro, c'est-à-dire 16° au-dessus de la chaleur de l'atmosphère pendant le moment de l'expérience. La chaleur de l'autre marmotte fit monter le thermomètre au bout de quinze minutes au 27°. Quelque temps après, j'eus deux marmottes sur lesquelles je répétai les expériences de mon ami, et je les trouvai parfaitement conformes aux siennes : le thermomètre à l'air libre indiquait le 15°, celui que je plaçai dans la bouche de ces animaux s'éleva jusqu'au 31°, de sorte que la question sur la chaleur du sang de tous ces animaux me paraît bien décidée.

Comment peut subsister à présent l'assertion de M. de Buffon qui assure avoir observé que les hérissons et les chauves-souris ont le sang froid ? Je ne

(1) M. Giannambrogio Sangiorgio, de Milan, savant chimiste, déjà connu avantageusement dans la république des Lettres par une excellente dissertation sur la Queue de renard et sur le Pain de munition.

saurais imaginer que les deux espèces d'animaux
sur lesquels il a fait des expériences soient différentes; je ne puis croire que ces expériences soient
mal faites, mais j'ai un moyen de concilier ces faits
contraires. Il faut que le naturaliste français ait
fait ses expériences en hiver, pendant que ces animaux sont privés de sentiment et de mouvement;
alors ils ressemblent par le fait aux animaux de
sang froid, la rigueur de la saison a épuisé en eux
le principe de leur chaleur intérieure. Le raisonnement et mes expériences sur les hérissons et les
chauves-souris confirment que ces animaux ne tom-
beraient pas dans une espèce de léthargie, si la
chaleur intérieure qui les anime n'était pas
diminuée.

Il faut conclure de tous ces faits que, quoique
la supposition de M. de Buffon ne soit pas fondée,
il est cependant certain que le sang se refroidit
dans tous les animaux qui éprouvent un sommeil
léthargique; mais peut-on conclure que ce sommeil
léthargique soit l'effet immédiat du refroidissement
du sang? Pour juger la solidité de cette conséquence, je considère un animal qui commence à
s'engourdir, je vois cet engourdissement naître de
l'action du froid sur lui, il en est pénétré non seulement à l'extérieur, mais aussi dans l'intérieur; et
je ne puis en douter, lorsque j'applique la boule
du thermomètre à diverses parties internes de son
corps, j'observe alors que le froid s'est également
communiqué aux fluides et aux solides; cependant,
je ne pourrai pas encore décider si l'engourdissement de ces animaux est un effet du refroidissement
du sang, ou du refroidissement des solides, ou s'il est

produit par le refroidissement de tous les deux. Pour lever mes doutes, je tâche d'analyser ce fait : je pense donc que si, entre les animaux qui s'engourdissent, il y en avait quelqu'un qui conservât sa vivacité et sa vigueur pendant un temps considérable, après avoir été privé de son sang, cet animal pourrait servir à éclaircir ce fait, car en faisant éprouver à cet animal le degré de froid auquel ces animaux ont coutume de s'engourdir, il arriverait, ou qu'il ne s'engourdirait plus quand il aurait perdu son sang, et alors il serait démontré que le refroidissement du sang est la seule cause suffisante de l'engourdissement de l'animal, ou que l'animal s'engourdirait comme quand il est en santé, et alors le refroidissement du sang ne pouvant être la cause de cet engourdissement, il faudrait l'attribuer au refroidissement des solides, ou du moins à l'action du froid sur eux.

Un semblable animal n'est pas seulement possible, il est encore existant dans la Nature. Il y en a plusieurs de ce genre, comme les grenouilles, les crapauds, les grenouilles des arbres, les salamandres aquatiques. J'ai observé dans mes expériences qu'après avoir fait sortir tout le sang de ces animaux hors du cœur que j'avais ouvert, ou de l'aorte que j'avais coupée, ces animaux sautillaient encore, couraient, plongeaient dans l'eau, nageaient, avaient l'usage de la vue et du tact, en un mot, remplissaient comme auparavant pendant plusieurs heures toutes leurs fonctions corporelles [1]. Afin donc de découvrir la route de la vérité que je cherchais, je pris le parti de faire de nouvelles expé-

____

[1] Je parle de ces expériences dans mon livre *De Fenomeni della Circolazione.*

riences et je commençai à employer les grenouilles.
J'ensevelis plusieurs grenouilles, extrêmement, mais
également vives, dans la neige; il y avait une partie
d'entre elles que je n'avais point touchées, mais
j'avais ôté à chacune des grenouilles qui composaient
l'autre partie tout le sang qu'elles pouvaient avoir;
je m'étais même appliqué à le chasser absolument
du cœur et des vaisseaux principaux que j'avais
coupés. Après huit ou dix minutes, j'en retirai quelques-unes de la neige; j'observai alors que celles qui
n'avaient point de sang et celles qui l'avaient tout,
étaient précisément dans le même état, c'est-à-dire
à moitié mortes et n'essayant plus de fuir, quoiqu'elles fussent en liberté. Quinze minutes après,
j'en retirai de la neige quelques autres, dont les
unes n'avaient subi aucune opération, et dont les
autres avaient été saignées, elles me parurent toutes
contractées par le froid, immobiles et presque gelées.
Je les remis toutes ensuite dans la neige, et après
quelques heures je les transportai dans un lieu
chaud, observant soigneusement tout ce qui se
passerait. Peu à peu elles s'allongèrent, ouvrirent
les yeux, sautèrent, se mirent à fuir, j'observai
cela dans toutes semblablement et sans aucune différence. J'eus la curiosité de les ensevelir encore dans
la neige au bout de quelque temps, mais je vis de
nouveau les mêmes phénomènes. J'ai trouvé constamment les mêmes résultats en répétant ces expériences dans les différentes saisons de l'année ;
j'observai dans le même temps que les grenouilles
des arbres, les crapauds, les salamandres aquatiques, soit celles qui étaient privées de leur sang,

soit celles qui l'avaient conservé, tombaient également toutes dans un sommeil léthargique lorsqu'on les exposait au froid, mais qu'elles reprenaient la vie, lorsqu'elles éprouvaient une chaleur suffisante.

Le concert de ces faits m'oblige donc à dire, que la privation du sentiment et du mouvement de ces animaux n'est point l'effet du refroidissement du sang, car il n'y a point de refroidissement du sang là où il n'y a point de sang; par la même raison, on ne saurait l'attribuer au ralentissement de la circulation de ce fluide, d'où il résulte que cet engourdissement léthargique doit être uniquement produit par les solides, qui étant fortement affectés par le froid se trouvent dans un état différent de leur état naturel. Je cherche quel est ce nouvel état. Il me semble qu'on peut le reconnaître par les phénomènes que présentent les animaux léthargiques : ils sont contractés, leurs muscles ont perdu leur souplesse ordinaire, ils deviennent durcis et tendus. Il est donc démontré que la fibre musculaire se raidit alors extrêmement; la raideur des muscles nuit à leur irritabilité; combien n'y nuira pas une raideur aussi grande? Je m'en suis convaincu en tourmentant leurs fibres avec différents stimulants, mais j'y occasionnais à peine le plus léger indice de rugosité et de contraction. Cependant l'irritabilité est regardée communément comme le principe et la source de la vie dans les animaux, de sorte qu'ayant été fort affaiblie dans les animaux exposés au froid, il n'est pas surprenant que le froid occasionne en eux une léthargie semblable à la mort.

Si ceci paraît la cause véritable et immédiate de l'engourdissement des animaux dont j'ai parlé, je ne trouve pas de raisons contraires qui empêchent de l'étendre à tous les animaux qui s'engourdissent de cette manière. Il est vrai qu'il est impossible de faire cesser dans les animaux à sang chaud la cause de leur engourdissement imaginée par M. de Buffon, parce que leur nature ne leur permet pas de vivre sans sang, mais il est toujours certain que leur fibre musculaire se raidit et devient insensible à tous les stimulants, lorsqu'ils sont tombés dans ce sommeil léthargique; c'est ce que j'ai observé dans des chauves-souris que je saupoudrai alors de sel, que je baignai dans une eau ardente, que je piquai avec des fers aigus, et dont je cherchai avec le tranchant d'un couteau la chair musculaire de la poitrine : ces moyens étaient sans doute les plus puissants pour réveiller l'irritabilité, mais ils furent tous inutiles. L'étincelle électrique, qui est si propre pour exciter l'irritabilité, fut également sans effet. Si donc le froid suspend l'irritabilité des animaux à sang chaud comme celle des animaux à sang froid, et si la cessation de cette force est, autant que cela m'a paru, la cause unique et immédiate du sommeil léthargique des seconds, je ne vois pas pourquoi elle ne le serait pas de même pour les premiers.

Tous les animaux que le froid engourdit ne s'engourdissent pas au même degré; un froid très léger fait tomber les uns dans cet état, d'autres ne l'éprouvent qu'après un froid plus vif, d'autres encore seulement lorsqu'ils ont ressenti un froid très violent. La chaleur si douce pour les hommes, indiquée sur le thermomètre par le tempéré, cette chaleur engourdit les loirs ; un froid un peu plus grand engourdit de même les abeilles, les couleuvres, les vipères et plusieurs espèces de chauves-souris. Le degré de froid qui endort léthargiquement les crapauds, les grenouilles, les salamandres, etc., approche beaucoup du degré marqué par la congélation; mais ce froid est bien éloigné de produire cet effet sur les marmottes, il faut qu'il fasse encore descendre le thermomètre jusqu'à 5° au-dessous de zéro [1]. Cette variété dans le degré de froid nécessaire pour engourdir les différents animaux, ne peut naître que de la variété qu'il y a dans la nature de leurs fibres musculaires; elle doit rendre certains animaux plus sensibles au froid que d'autres, parce qu'elle raidit plus tôt les fibres de ceux-ci et plus tard celles de ceux-là.

La raison que les physiologistes donnent de la mort de l'homme et des animaux tués par le froid, paraît certainement très plausible. Ils prétendent que le froid en resserrant d'abord les vases cutanés oblige le sang à refluer vers les parties intérieures de l'animal et à s'y réfugier, ce qui occasionne l'insensibilité et l'immobilité des doigts, la pâleur du corps; si le froid augmente, il pénètre les vaisseaux internes et même les plus grands, il les resserre alors comme les premiers, ce qui fait refluer encore davantage le sang dans l'intérieur de l'animal ; mais les vaisseaux du cerveau, qui sont garantis par le crâne, ne se contractent pas si facilement, le sang y arrive avec abondance au travers de ces artères couvertes

---

(1) Réaumur, *Mémoires sur les Insectes.*

et préservées par ce moyen de l'action immédiate du froid ; cependant alors les veines jugulaires, qui sont plus découvertes, se resserrent et ramènent avec peine le sang dans le cœur : le cours du sang doit par conséquent se ralentir sensiblement ; ce ralentissement croîtra avec l'âpreté du froid, jusqu'à ce qu'il se change en un repos parfait, et que l'animal soit entièrement mort.

Il n'est pas rare dans les pays septentrionaux qu'un coup de froid tue les hommes sur le champ. On explique de la même manière cette mort subite; les poumons étant exposés immédiatement à l'impression d'un air très froid sont extrêmement contractés, cette contraction intercepte le passage qu'il y a du ventricule droit au ventricule gauche du cœur, de sorte que, suivant ces Auteurs, la mort des animaux tués par le froid est occasionnée par les obstacles qu'il met à la circulation.

Je suis bien persuadé que cette cause peut produire la mort de plusieurs animaux, au moins de tous ceux qui meurent parce que la circulation de leur sang est arrêtée; mais comme il y en a un grand nombre qui ne cessent pas de vivre, quoique la circulation de leurs humeurs cesse pendant quelque temps, ou même lorsqu'elle a été absolument arrêtée, il résulte de là que la mort des animaux tués par le froid doit avoir une autre cause que la suspension de la circulation [1].

(1) Voyez le livre que j'ai déjà cité, *De Fenomeni della Circolazione*, etc. J'y prouve non seulement que plusieurs animaux conservent la vie pendant longtemps après avoir été privés de tout leur sang, mais même qu'ils continuent de vivre, quoiqu'on suspende la circulation en liant le tronc de l'aorte. J'ai remarqué que les reptiles éprouvaient à cet égard les mêmes accidents que les vipères, les couleuvres, les anguilles, etc.

Pour éclaircir cette question et découvrir la cause immédiate de la mort des animaux tués par le froid, j'ai fait sur ces animaux les observations que j'avais déjà faites sur ceux qu'un froid moins vif rend léthargiques. Les phénomènes qui précèdent et qui accompagnent cette mort sont ceux-ci : la raideur musculaire augmente de plus en plus, jusqu'à ce que la chair se durcisse et se gèle; la congélation se manifeste d'abord dans les extrémités, elle s'étend graduellement jusqu'à ce qu'elle atteigne le centre de l'animal; si on le transportait alors dans un air moins froid, de manière qu'il se dégelât, il arriverait que, quoique ses membres reprissent leur ancienne mollesse, il ne reprendrait pas cependant la vie; sa mort est bien une conséquence de ce qu'il a été gelé, mais on ne peut pas dire qu'elle soit uniquement causée par la congélation du sang ; premièrement, par toutes les raisons que j'ai déjà indiquées; secondement, parce qu'ayant exposé à la gelée des animaux sains et d'autres qui étaient privés de tout leur sang, ils mouraient tous, en se gelant, avec la même promptitude. D'où je conclus que la mort des animaux tués par le froid est causée par la congélation des solides. Les muscles se raidissent quand ils sont exposés à un certain degré de froid, et quand ils sont gelés ils cessent d'être irritables. Telle est la cause de la mort apparente des animaux exposés au froid : si un froid plus vif gèle plus fortement leurs muscles, alors cette impression les prive pour toujours de la faculté d'être irrités. Telle est encore la cause de la mort réelle des animaux qui éprouvent de grands froids.

Le froid raccourcit la fibre musculaire en la raidissant, il épaissit le liquide qui les amollit. La congélation contribue encore à détruire les fibres, en changeant leur liquide en une foule de petits glaçons qui déchirent au moins ses parties les plus fines et les plus délicates par leurs pointes et par leurs tranchants. Si l'on observe alors la chair musculaire, elle paraît au moins remplie de ces petits glaçons, et lorsqu'on veut la tordre ou la piler, elle se brise comme un corps friable.

FIN DU PREMIER VOLUME.